建筑结构设计与工程管理

田茂村　杜清华　邱教平◎著

中国商业出版社

图书在版编目（CIP）数据

建筑结构设计与工程管理 / 田茂村, 杜清华, 邱教平著. -- 北京 : 中国商业出版社, 2023.3
ISBN 978-7-5208-2419-4

Ⅰ. ①建… Ⅱ. ①田… ②杜… ③邱… Ⅲ. ①建筑结构－结构设计②建筑工程－工程管理 Ⅳ. ①TU318 ②TU71

中国版本图书馆CIP数据核字(2022)第244851号

责任编辑：杨善红
策划编辑：刘万庆

中国商业出版社出版发行
（www.zgsycb.com　100053　北京广安门内报国寺1号）
总编室：010-63180647　编辑室：010-83118925
发行部：010-83120835/8286
新华书店经销
天津和萱印刷有限公司印刷

*

787毫米 × 1092毫米　16开　8.75 印张　170千字
2023年 3月第 1 版　　2023年 3月第 1 次印刷
定价：55.00 元

****

（如有印装质量问题可更换）

前言

建筑业是我国的重要产业之一。在整个建筑工程的建设中，建筑工程的结构设计以及施工管理是质量保证的前提之一。随着社会经济的发展和生活水平的提高，建设项目不再只注重质量，也开始关注环境保护和绿色建筑，希望建筑能满足居民环保需求，这也是建筑行业和企业在今天的新概念需要实现的高要求。只有加强施工管理，实行先进科学的管理模式，才能保证施工的有效管理，有效提高施工质量，也可以大大降低各个施工环节和管理的成本。

随着社会的不断发展和进步，我国建筑工程行业的发展越来越快。在人们生活水平提高的同时，对于房屋建筑的居住要求也越来越高。相关企业在进行建筑工程结构设计的过程中，要把握基础的设计要点和设计内容。本书主要针对建筑结构设计与工程建设的相关问题进行系统分析。首先阐述了建筑结构设计的基本内容；然后介绍了建筑结构抗震概念设计，以帮助工程建设者更清晰地认识结构设计，为工程建设打下良好的基础，工程管理也促进了工程建筑更好地实施，本书也对建筑工程项目合同管理加以详细分析；最后针对建筑工程项目成本管理以及工程施工项目质量管理进行论述。希望本书的研究可以促进我国建筑事业的发展，也帮助建筑工程师们实施工程管理。

建筑结构设计与工程管理是一项艰巨、复杂的研究。在写作过程中，我们参考了大量国内外已出版的相关书籍和刊物，在此表示衷心的感谢。由于笔者的水平有限，书中的缺点与不足在所难免，竭诚欢迎同行专家与广大读者批评指正。

目 录

第一章

建筑结构设计概论

第一节　基本建设程序

建设程序是对基本建设项目从酝酿、规划到建成投产所经历的整个过程中的各项工作开展先后顺序的规定。它反映了工程建设各个阶段之间的内在联系，是从事建设工作的各有关部门和人员都必须遵守的原则。基本建设程序是建设项目从筹划建设到建成投产必须遵循的工作环节及其先后顺序。

我国基本建设工作程序和内容，主要包括9个步骤。步骤的顺序不能任意颠倒，但可以合理交叉。这些步骤的先后顺序如下。

一、编制项目立项建议书

对建设项目的必要性和可行性进行初步研究，提出拟建项目的轮廓设想。

二、编制可行性研究报告和设计任务书

具体论证和评价项目在技术和经济上是否可行，根据财力进行投资控制，并对不同方案进行分析比较；可行性研究报告作为设计任务书的附件。设计任务书对是否上这个项目，采取什么方案，选择什么建设地点，做出决策。

三、项目设计

项目设计是从技术和经济上对拟建工程做出详尽规划，设计的最终结果为施工图纸。设计单位根据设计任务书进行方案设计，进行造价估算设计方案确定后，大中型项目一般采用两段设计，即初步设计与施工图设计，根据初步设计结果编制概算，根据施工图设计结果编制施工图预算。技术复杂的项目，可增加技术设计，按三个阶段进行，并根据技术设计结果修正概算。

四、安排计划

可行性研究和初步设计，送请有条件的工程咨询机构评估，经认可；最终的施工图报图纸审查机构进行图纸审查，审查合格的图纸方可用于施工；报计划部门，经过综合平衡，列入年度基本建设计划。

五、建设准备

包括征地拆迁，搞好“三通一平”（通水、通电、通道路、平整地面），落实施工单位，组织物资订货和供应，以及其他各项准备工作。

六、组织施工

准备工作就绪后，提出开工报告，经过批准，即开工兴建；遵循施工程序，按照设计要求和施工技术验收规范，进行施工安装。

七、生产准备

生产性建设项目开始施工后，及时组织专门力量，有计划有步骤地开展生产准备工作。

八、竣工验收

按照规定的标准和程序，对竣工工程进行验收，编制竣工验收报告和竣工决算，并办理固定资产交付生产使用手续。

九、项目后评价

项目完工后对整个项目的造价、工期、质量、安全等指标进行分析评价或与类似项目进行对比。

综上可知，基本建设程序主导线为设计和施工两个阶段，对主导线起保证作用的有两条辅线，其一为对投资的控制，其二为对质量和进度的监控。

第二节　结构设计的程序

建筑物的设计可以分为方案设计、技术设计和施工图设计三个设计阶段，涵盖建筑、结构和设备（水暖电）三大部分，包括建筑设计、结构设计、给排水设计、电气设计和采暖与通风设计等分项。设计人员在进行每项设计时，都应围绕建筑物功能、美观、经济和环保等方面来进行。功能上必须满足使用要求，美观上必须满足人们的审美情趣，经济上应具有最佳的技术经济指标，环保上要求是符合可持续发展的低碳建筑，而建筑物功能、美观、经济和环保之间有时可能是相互矛盾的，比如将建筑物的安全性定得越高，功能要求越复杂，建筑物的造价可能会越高，设计的重要任务之一就是保证满足这些要求的最佳取舍。

结构设计是建筑物设计的重要组成部分，是建筑物发挥使用功能的基础。结构设计的主要任务就是根据建筑、给排水、电气和采暖通风的要求，主要是建筑上的要求，合理地选择建筑物的结构类型和结构构件，采用合理的简化力学模型进行结构计算，然后依据计算结果和国家现行结构设计规范完成结构构件的设计计算，设计者应对计算结果做出正确的判断和评估，最后依据计算结果绘制结构施工图。结构设计施工图纸是结构设计的主要成果表现。因此，结构设计可以分为方案设计、结构分析、构件设计和施工图绘制四个步骤。

一、方案设计

方案设计又叫初步设计。结构方案设计主要是指结构选型、结构布置和主要构件的截面尺寸估算以及结构的初步分析等内容。

（一）结构类型的选择

结构选型包括上部结构的选型和基础结构的选型，主要依据建筑物的功能要求、现行结构设计规范的有关要求、场地土的工程地质条件、施工技术、建设工期和环境要求，经过方案比较、技术经济分析，加以确定。其方案的选择应当体现科学性、先进性、经济性和可实施性。科学性就是要求结构传力途径明确、受力合理；先进性就是尽量采用新技术、新材料、新结构和新工艺；经济性就是要降低材料的消耗、减少劳动力的使用量和建筑物的维护费用等；可实施性就是施工方便，按照现有的施工技术可以建造。

结构类型的选择，应经过方案比较后综合确定，主要取决于拟建建筑物的高度、用途、施工条件和经济指标等一般是遵循砌体结构、框架结构、框架–剪力墙结构、剪力墙结构和筒体结构的顺序来选择，如果该序列靠前的结构类型，不能满足建筑功能、结构承载力及变形能力的要求，才采用后面的结构类型。比如，对于多层住宅结构，一般情况下，砌体结构就可以满足要求，尽量不采用框结构或其他的结构形式。当然，从保护土地资源的角度出发，还要尽可能不要用黏土砖砌体。

（二）结构布置

结构布置包括定位轴线的标定、构件的布置以及变形缝的设置。

定位轴线用来确定所有结构构件的水平位置，一般只设横向定位轴线和纵向定位轴线，当建筑平面形状复杂时，还要设斜向定位轴线。横向定位轴线习惯上从左到右用①、②、③、……表示；纵向定位轴线从下至上用Ⓐ、Ⓑ、Ⓒ……表示。定位轴线与竖向承重构件的关系一般体现在以下方面：砌体结构定位轴线与承重墙体的距离是半砖或半砖的倍数；单层工业厂房排架结构纵向定位轴线与边柱重合或之间加一个联系尺寸；其余结构的定位与竖向构件在高度方向较小截面尺寸的截面形成重合。

构件的布置就是确定构件的平面位置和竖向位置，平面位置通过与定位轴线的关系来确定，而竖向位置通过标高确定。一般在建筑物的底层地面、各层楼面、屋面以及基础底面等位置都应给出标高值，标高值的单位采用m（注：结构施工图中，除标高外其余尺寸的单位采用mm），建筑物的标高有建筑标高和结构标高两种。所谓建筑标高就是建筑物建造完成后的标高，是结构标高加上建筑层（如找平层、装饰层等）厚度的标高。结构标高是结构构件顶面的标高，是建筑标高扣除建筑层厚度的标高：一般情况下，建筑施工图中的标高是建筑标高，而结构施工图中的标高是结构标高。当然，结构施工图中也可以采用建筑标高，但应特别说明，施工时由施工单位自行换算为结构标高。建筑标高以底层地面为±0.000，往上用正值表示，往下用负值表示。

结构中变形缝有伸缩缝、沉降缝和防震缝三种。设置伸缩缝的目的是减小房屋因过长或过宽而在结构中产生的温度应力，避免引起结构构件和非结构构件的损坏。设置沉降缝是为了避免因建筑物不同部位的结构类型、层数、荷载或地质情况不同导致结构或非结构构件的损坏。设置防震缝是为了避免建筑物不同部位因质量或刚度的不同，在地震发生时具有不同的振动频率而相互碰撞导致损坏。

沉降缝必须从基础分开，而伸缩缝和防震缝的基础可以连在一起。在抗震设防区，伸缩缝和沉降缝的宽度均应满足防震缝的宽度要求。由于变形缝的设置会给使用和建筑平、立面处理带来一定的麻烦，所以应尽量通过平面布置、结构构造和施工措施（如采用后浇带等）不设缝或少设缝。

（三）截面尺寸估算

结构分析计算要用到构件的几何尺寸，结构布置完成后需要估算构件的截面尺寸。构件截面尺寸一般先根据变形条件和稳定条件，由经验公式确定，截面设计发现不满足要求时再进行调整。水平构件根据挠度的限值和整体稳定条件可以得到截面高度与跨度的近似关系。竖向构件的截面尺寸根据结构的水平侧移限制条件估算，在抗震设防区的混凝土构件还应满足轴压比限值的要求。

（四）结构的初步分析

建筑物的方案设计是建筑结构、水、电、暖各专业设计互动的过程，各专业之间相互合作、相互影响，直至最后达成一致并形成初步设计文件，才能进入施工图设计阶段。在方案设计阶段，建筑师往往需要结构师预估楼板的厚度、梁柱的截面尺寸，以便确定层高、门窗洞口的尺寸等；同时，结构工程师也需要初步评估所选择的结构体系在预期的各种作用下的响应，以评价所选择的结构体系是否合理。这都要求对结构进行初步的分析。

由于在方案阶段建筑物还有许多细节没有确定，所以结构的初步分析必须抓住结构的主要方面，忽略一些细节，计算模型可以相对粗糙一些，但得出的结果应具有参考意义。

二、结构分析

结构分析是要计算结构在各种作用下的效应，它是结构设计的重要内容。结构分析的正确与否直接关系到所设计结构的安全性、适用性和耐久性是否满足要求。结构分析的核心问题是计算模型的确定，可以分为计算简图、计算理论和数学方法三个方面。

（一）计算简图

计算简图是对实际结构的简化假定，也是结构分析中最为困难的一个方面，简化的基本原则就是分析的结果必须解释和评估真实结构在预设作用下的效应，尽可能反映结构的实际受力特性，偏于安全且简单。要使计算简图完全精确地描述真实结构是不现实的，也是不必要的，因为任何分析都只能是实际结构一定程度上的近似。因此，在确定计算简图时应遵循以下一些基本假定：

第一，假定结构材料是均质连续的。虽然一切材料都是非均质连续的，但组成材料颗粒的间隙比结构的尺寸小很多，这种假设不会引起结构的宏观力学性能显著的误差。

第二，只有主要结构构件参与整体性能的效应，即忽略次要构件和非结构构件对结构性能的影响。例如，在建立框架结构分析模型时，可将填充墙作为荷载施加在结构上，忽略其刚度对结构的贡献，从而导致结构的侧向刚度偏小。

第三，可忽略的刚度，即忽略结构中作用较小的刚度。例如，楼板的横向抗弯刚度、剪力墙平面外刚度等。该假定的采用需要根据构件在结构整体性能中应发挥的作用来进行确定。例如，一个由梁柱组成的框架结构，在进行结构整体分析时，可以忽略楼板的抗弯刚度、梁的抗扭刚度等。但在进行楼板、梁等构件的分析时，就不能忽略上述刚度。

第四，相对较小的和影响较小的变形可以忽略。包括：楼板的平面内弯曲和剪切变形，多层结构柱的轴向变形等。

（二）计算理论

结构分析所采用的计算理论可以是线弹性理论、塑性理论和非线性理论。

线弹性理论最为成熟，是目前普遍采用的一种计算理论，适用于常用结构的承载力极限状态和正常使用极限状态的结构分析。根据线弹性理论计算时，作用效应与作用成正比，结构分析也相对容易得多。

塑性理论可以考虑材料的塑性性能，比较符合结构在极限状态下的受力状态。塑性理论的实用分析方法主要有塑性内力重分布和塑性极限法。

非线性包括材料非线性和几何非线性。材料非线性是指材料、截面或构件的本构关系，如应力—应变关系、弯矩—曲率关系或荷载—位移关系等是非线性的。几何非线性是指由于结构变形对其内力的二阶效应使荷载效应与荷载之间呈现非线性关系。结构的非线性分析比结构的线性分析复杂得多，需要采用迭代法或增量法计算，叠加原理也不再适用。在一般的结构设计中，线性分析已经足够。但是，对于大跨度结构、超高层结构，由于结构变形的二阶效应比较大，非线性分析是必需的。

（三）数学方法

结构分析中所采用的数学方法不外乎有解析法和数值法两种。解析法又称为理论解，但由于结构的复杂性，大多数结构都难以抽象成一个可以用连续函数表达的数学模型，其边界条件也难以用连续函数表达，因此解析法只适用于比较简单的结构模型。

数值方法可解决大型、复杂工程问题求解，计算机程序采用的就是数值解。常用的数值方法有有限单元法、有限差分法、有限体积法等。其中，应用最广泛的是有限单元法。这种方法将结构离散为一个有限单元的组合体，这样的组合体能够解析地模拟或逼近真实结构的解域。由于单元能够按不同的连接方式组合在一起，并且单元本身又可以有不同的几何形状，因此可以模拟几何形状复杂的结构解域。目前，国内外最常用的有限单元结构分析软件有PKPM、SAP2000、ETABS、MIDAS、ANSYS以及AD1NA等。

尽管目前工程设计的结构分析基本上都是通过计算机程序完成的，一些程序甚至还可以自动生成施工图，但应用解析方法或者说是手算方法来进行结构计算，对于土木工程专业的学生来说，仍是十分重要。但基于手算的解析解是结构设计的重要基础，解析解的概念清晰，有助于人们对结构受力特点的把握，掌握基本概念。作为一个优秀的结构工程师，不仅要求掌握精确的结构分析方法，还要求能对结构问题快速做出判断，这在方案设计阶段和处理各种工程事故、分析事故原因时显得尤为重要。而近似分析方法可以训练人的这种能力，培养概念设计能力。

三、构件设计

构件设计包括截面设计和节点设计两个部分。对于混凝土结构，截面设计有时也称为配筋计算，因为截面尺寸在方案设计阶段已初步确定，构件设计阶段所做的工作是确定钢筋的类型、放置位置和数量。节点设计也称为连接设计。

构件设计有两项工作内容：计算和构造。在结构设计中，一部分内容是由计算确定的，而另一部分内容则是根据构造规定确定的：构造是计算的重要补充，两者是同等重要的，在各个设计规范中对构造都有明确的规定。千万不能重计算、轻构造。

四、施工图绘制

结构设计的最后一个步骤是施工图绘制工作，结构设计人员提交的最终成果就是结构设计图纸。图是工程师的语言，工程师的设计意图是通过图纸来表达的，如同人的语言表达，图面的表达应该做到正确、规范、简洁和美观。

第三节　结构概念设计

概念设计就是在结构初步设计过程中，应用已有的经验，进行结构体系的选择、结构布置，并从总体上把握结构的特性，使结构在预设的各种作用下的反应控制在预期的范围内。概念设计的主要内容有：结构体系的选择、建筑形体及构件布置、变形缝的设置和构造等。

一、结构体系的选择

所谓结构的选型就是选择合理的结构体系，应根据建筑物的平面布置、抗震设防类别、抗震设防烈度、建筑高度、场地条件、地基、结构材料和施工因素等，经技术、经济和使用条件综合比较后再确定。结构体系应符合以下各项要求。

①有明确的计算简图和合理的地震作用传递途径。

②应避免因部分结构或构件破坏而导致丧失抗震能力或对重力荷载的承载能力。这就要求结构应设计成超静定体系，即使在某些部位遭到破坏时也不会导致整个结构的失效。

③应具备必要的抗震承载力、良好的变形能力和消耗地震能量的能力。

④对可能出现的薄弱部位，应采取措施提高抗震能力。结构的薄弱部位一般出现在刚度突变，如转换层、竖向有过大的内收或外突、材料强度发生突变等部位，对这些部位都要采取措施进行加强。

建筑的高度是决定结构体系的又一重要因素。一般情况下，多层住宅建筑或其他横墙较多、开间较小的多层建筑可采用砌体结构，而大开间建筑、高层建筑等，多采用框架结构、板柱结构（或板柱－剪力墙结构）、剪力墙结构、框架－剪力墙结构以及筒体结构等。

二、建筑形体及构件布置

在建筑结构设计中，除了选择合理的结构体系外，还要恰当地设计和选择建筑物的平立面形状和形体，尤其是在高层结构的设计中，保证结构安全性及经济合理性的要求比一般多层建筑更为突出。因此，结构布置、选型是否合理，应更加受到重视。结构的总体布置要考虑结构的受力特点和经济合理性，主要有3点：①控制结构的侧向变形；②合理的平面布置；③合理的竖向布置。

（一）控制结构的侧向变形

结构要同时承受竖向荷载和水平荷载，还要抵抗地震作用。结构所承受的轴向力、总倾覆弯矩以及侧移和高度的关系分别为$N \propto H$、$N \propto H^2$、$N \propto H^4$。可见，水平荷载作用下，侧移随结构的高度增加最快。当高度增加到一定值时，水平荷载就会成为控制因素而使结构产生过大的侧移和层间相对位移，从而使居住者有不适的感觉，甚至破坏非结构构件，因此必须将结构的侧移限制在一个合理的范围内。另外，随着高度的增加，倾覆力矩也将迅速增大。因此，高层建筑中控制侧向位移常常成为结构设计的主要矛盾。限制结构的侧移，除了限制结构的高度外，还要限制结构的高宽比。一般应将结构的高宽比H/B控制在5～6以下。这里H是指从室外地面到建筑物檐口的高度；B是指建筑物平面的短方向的有效结构宽度，有效结构宽度一般是指建筑物的总宽度减去外伸部分的宽度。当建筑物变宽度时，一般偏于保守地取较小宽度。

（二）平面布置

在一个独立的结构单元内，宜使结构平面形状简单、规则，刚度和承载力分布均匀。不应采用严重不规则的平面布置，高层建筑宜选用风作用效应较小的平面形状，如圆形、正多边形等。有抗震设防要求的高层建筑，一个结构单元的长度（相对其宽度）不宜过长，否则在地震作用时，结构的两端可能会出现反相位的振动，这将会导致建筑被过早地破坏。对高层结构的长度、突出部分的长度也都有一定的要求：抗震设计的A级高度钢筋混凝土高层建筑其平面长度L、突出部分长度l要满足要求；抗震设计的B级高度钢筋混凝土高层建筑、混合结构高层建筑以及复杂高层建筑结构，其平面布置应简单、规则，减少偏心对结构的影响，结构平面布置应减少扭转的影响。在考虑偶然偏心影响的地震作用下，楼层竖向构件的最大水平位移和层间位移，A级高度的高层建筑最大水平位移不宜大于该楼层平均值的1.2倍，层间位移不应大于该楼层平均值的1.5倍；B级高度的高层建筑、混合结构高层建筑以及复杂高层建筑，最大水平位移不宜大于该楼层平均值的1.2倍，层间位移不应大于该楼层平均值的1.4倍。第一个以扭转为主的振型周期与该结构的第一振型周期之比，A级高度的高层建筑不大于0.9，B级高度的高层建筑、混合结构高层建筑以及复杂高层建筑不大于0.85。

偶然偏心是指由于施工、使用或地面运动的扭转分量等因素所引起的偏心。采用底部剪力法或仅计算单向地震作用时应考虑的偶然偏心的影响。可以将每层的质心沿主轴的同一方向偏移0.5L_i（L_i为建筑物垂直于地震作用方向的总长度），来考虑偶然偏心。当计算双向地震作用时，可不考虑偶然偏心的影响。

（三）竖向布置

结构的竖向布置应力求形体规则、刚度和强度沿高度均匀分布，避免过大的外挑和内收，避免错层和局部夹层，同一层的楼面应尽量设在同一标高处。高层建筑结构设计中，经常会遇到结构刚度和强度发生变化的情形，对于这种情况，应逐渐变化。对于框架结构，楼层侧向刚度不宜小于相邻上部楼层刚度的70%以及其相邻上部三层侧向平均刚度的80%。A级高度高层建筑楼层抗侧力结构的层间受剪承载力不宜小于其相邻上一层受剪承载力的80%，不应小于其上一层受剪承载力的65%；B级高度高层建筑楼层抗侧力结构的层间受剪承载力不应小于其相邻上一层受剪承载力的75%。这里，楼层层间抗侧力结构受剪承载能力是指在所考虑的水平作用方向上，该楼层全部柱、剪力墙斜撑的受剪承载能力之和。抗震设计时，结构竖向抗侧力构件宜上、下连续贯通，当结构上部楼层收进部位到室外地面的高度凡与房屋高度H_1之比大于0.2时，上部楼层收进后的水平尺寸B_1不宜小于下部楼层水平尺寸B的75%；当上部结构楼层相对于下部楼层外挑时，下部楼层的水平尺寸不宜小于上部楼层水平尺寸的0.9倍，且水平外挑尺寸不宜大于4 m。

三、变形缝的设置和构造

在进行建筑结构的总体布置时，应考虑沉降、温度收缩和形体复杂对结构受力的不利影响，常用沉降缝、伸缩缝或防震缝将结构分成若干个独立单元，以减少沉降差、温度应力和形体复杂对结构的不利影响。但有时从建筑使用要求和立面效果以及防水处理困难等方面考虑，希望尽量不设缝。特别是在地震区，由于缝将房屋分成几个独立的部分，地震中可能会因为互相碰撞而造成震害。因此，目前的总趋势是避免设缝，并从总体布置上或构造上采取一些措施来减少沉降、温度收缩和形体复杂引起的问题。

（一）沉降缝

一般情况下，多层建筑不同的结构单元高度相差不大，除非地基情况差别较大，一般不设沉降缝。在高层建筑中，常在主体结构周围设置1～3层高的裙房，它们与上体结构的高度差异悬殊，重量差异悬殊，会产生相当大的沉降差。过去常采用设置沉降缝的方法将结构从顶到基础整个断开，使各部分自由沉降，以避免由沉降差引起的附加应力对结构的危害。但是，高层建筑常常设置地下室，设置沉降缝会使地下室构造复杂，缝部位的防水构造也不容易做好；在地震区，沉降缝两侧上部结构容易碰撞造成危害。因此，目前在一些建筑中不设沉降缝，而将高低部分的结构连成整体，同时采取一些相应措施以减少沉降差。

第一，采用压缩性小的地基，减小总沉降量及沉降差。当土质较好时，可加大埋深，利用天然地基，以减少沉降量。当地基不好时，可以用桩基将重量传到压缩性小的土层中，以减少沉降差。

第二，设置施工后浇带。把高低部分的结构及基础设计成整体，但在施工时将它们暂时断开，待主体结构施工完毕，已完成大部分沉降量（50%以上）以后，再浇灌连接部分的混凝土，将高低层连成整体，在设计时，基础应考虑两个阶段不同的受力状态，分别进行强度校核。连成整体后的计算应当考虑后期沉降差引起的附加内力。这种做法要求地基土较好，房屋的沉降能在施工期间内基本完成。

第三，将裙房做在悬挑基础上，这样裙房与高层部分沉降一致，不必用沉降缝分开，这种方法适用于地基土软弱、后期沉降较大的情况。由于悬挑部分不能太长，因此裙房的范围不宜过大。

（二）伸缩缝

新浇混凝土在凝结过程中会收缩，已建成的结构受热要膨胀受冷则收缩，当这种变形受到约束时，会在结构内部产生应力混凝土凝结收缩的大部分将在施工后的前两个月内完成，而温度变化对结构的作用则是经常的。由温度变化引起的结构内力称为温度应力，它在房屋的长度方向和高度方向都会产生影响。

房屋的长度越长，楼板沿长度方向的总收缩量和温度引起的长度变化就越大。如果楼板的变形受到其他构件（墙、柱和梁）约束，在楼板中就会产生拉应力或压应力，在约束构件中也会相应地受到推力或拉力，严重时会出现裂缝。多层建筑温度应力的危害一般在结构的顶层，而高层建筑温度应力的危害在房屋的底部数层和顶部数层都较为明显。

房屋基础埋在地下，它的收缩量和受温度变化的影响比较小，因而底部数层的温度变形及收缩会受到基础的约束；在顶部，由于阳光直接照射在屋盖上，相对于下部各层楼板，屋顶层的温度变化更为剧烈，可以认为屋顶层受到下部楼层的约束；中间各楼层，使用期间温度条件接近，变化也接近，温度应力影响较小。因此，在高层建筑中，温度裂缝常常出现在结构的底部或顶部。温度变化所引起的应力常在屋顶板的四角产生“八”字形裂缝或在楼板的中部产生“一”字形裂缝；墙体中产生裂缝会经常出现在房屋的顶层纵墙端部或横墙的两端，一般呈“八”字形，缝宽可达1～2mm，甚至更宽。

为了消除温度和收缩对结构造成的危害，可以用伸缩缝将上部结构从顶部到基础顶部断开，分成独立的温度区段。和沉降缝一样，这种伸缩缝也会造成多用材料、构造复杂和施工困难。

温度、收缩应力的理论计算比较困难，究竟温度区段允许多长还是一个需要探讨的问题。但是，收缩应力问题必须重视。近年来，国内外已经比较普遍地采取了不设伸缩缝而从施工或构造处理的角度来解决收缩应力问题的方法，房屋长度可达130m，取得了较好的效果，归纳起来有下面几种措施。

第一，设后浇带。混凝土早期收缩占总收缩的大部分，建筑物过长时，可在适当距离选择对结构无严重影响的位置设后浇带，通常每隔30～40 m设置一道。后浇带保留时间一般不少于1个月，在此期间收缩变形可完成30%～40%。后浇带的浇筑时间宜选择气温较低时，因为此时主体混凝土处于收缩状态。带的宽度一般为800～1 000 mm，带内的钢筋采用搭接或直通加弯的做法。这样，带两边的混凝土在带浇灌以前能自由收缩，在受力较大部位留后浇带时，主筋可先搭接，浇灌前再进行焊接。后浇带混凝土宜用微膨胀水泥（如浇筑水泥）配制。

第二，局部设伸缩缝。由于结构顶部及底部受的温度应力较大，因此在高层建筑中可采取在上面或下面的几层局部设缝的办法（约1/4全高）。

第三，从布置及构造方面采取措施减少温度应力的影响。由于屋顶受温度影响较大，通常应采取有效的保温隔热措施，例如，可采取双层屋顶的做法。或者不使屋顶连成整片大面积平面，而做成高低错落的屋顶，当外墙为现浇混凝土墙体时，也要注意采取保温隔热措施。

第四，在结构中对温度应力比较敏感的部位应适当加强配筋，以抵消温度应力，防止出现温度裂缝，比如屋面板就应设置温度筋。

（三）防震缝

有些建筑平面复杂、不对称或各部分刚度、高度和重量相差悬殊时，在地震作用下，会造成过大的扭转或其他复杂的空间振动形态，容易造成连接部位的震害，这种情形可通过设置防震缝来避免。高层建筑宜调整平面形状和结构布置，避免结构不规则，不设防震缝。当建筑物平面复杂而又无法调整其平面形状或结构布置使之成为较规则的结构时，宜设置防震缝将其分为几个较简单的结构单元。

凡是设缝的位置应考虑相邻结构在地震作用下因结构变形、基础转动或平移引起的最大可能侧向位移。防震缝宽度要留够，要允许相邻房屋可能出现反向的振动，而不发生碰撞。防震缝的设置应符合下列规定。

①框架结构房屋，当高度不超过15m时，可采用100mm；当超过15 m时，6度、7度、8度和9度时相应每增加高度5m、4m、3m和2m，宜加宽20 mm。

②框架–抗震墙结构房屋的防震缝宽度可按上述第①项规定数值的70%采用，抗震墙房屋的防震缝宽度可按上述第①项规定数值的50%采用。但二者均不宜小于100 mm。

③防震缝两侧结构体系不同时，防震缝宽度按不利的体系考虑，并按较低高度计算缝宽。

④防震缝应沿房屋全高设置，地下室、基础可不设防震缝，但在设置的防震缝处应加

强构造和连接。

总的来说，要优先采用平面布置简单、长度不大的塔式楼；当体形复杂时，要优先采取加强结构整体性的措施，尽量不设缝。规则与不规则的区分是一个很复杂的问题，主要依赖于工程师的经验。一个有良好素养的结构工程师，应当对所设计结构的抗震性能有正确的估计，要能够区分不规则、特别不规则和严重不规则的程度，避免采用抗震性能差的严重不规则的设计方案。

平面不规则和竖向不规则的主要类型的相应的定义和参考指标。

第一，平面不规则的主要类型。

扭转不规则：在规定的水平力作用下，楼层的最大弹性水平位移（或层间位移），大于该楼层两端弹性水平位移（或层间位移）平均值的12倍。

凹凸不规则：平面凹进的尺寸，大于相应投影方向总尺寸的30%。

楼板局部不连续：楼板的尺寸和平面刚度急剧变化，例如，有效楼板宽度小于该层楼板典型宽度的50%，或开洞面积大于该层楼面面积的30%，或较大的楼层错层。

第二，竖向不规则的主要类型。

侧向刚度不规则：该层的侧向刚度小于相邻上一层的70%，或小于其上相邻三个楼层侧向刚度平均值的80%；除顶层或出屋面小建筑外，局部收进的水平尺寸大于相邻下一层的25%。

竖向抗侧力构件不连续：竖向抗侧力构件（柱、抗震墙、抗震支撑）的内力由水平转换构件（梁桁架等）向下传递。

楼层承载力突变：抗侧力结构的层间受剪承载力小于相邻上一楼层的80%。

以上的某项不规则类型以及类似的不规则类型应属于不规则建筑，当存在多项不规则或某项不规则超过规定参考指标较多时，应属于特别不规则建筑。而特别不规则，指的是形体复杂，多项不规则指标超过上限值或某一项大大超过规定值，具有现有技术和经济条件不能克服的严重的抗震薄弱环节，可能导致地震破坏的严重后果者。

第四节　概率极限状态设计方法

一、结构的功能要求

（一）设计基准期

设计基准期是为确定可变作用及与时间有关的材料性能取值而选用的时间参数，它不等同于建筑结构的设计使用年限。《建筑结构可靠度设计统一标准》（GB 50068-2001）所考虑的荷载统计参数，都是按设计基准期为50年确定的。如设计时需采用其他设计基准期，则必须另行确定在设计基准期内最大荷载的概率分布及相应的统计参数。

（二）设计使用年限

设计使用年限是指设计规定的结构或结构构件不需进行大修即可按其预定目的使用的时期，即房屋建筑在正常设计、正常施工、正常使用和维护下所应达到的使用年限，如达不到这个年限则意味着在设计、施工、使用与维护的某一环节上出现了非正常情况。所谓“正常维护”包括必要的检测、防护及维修。设计使用年限是房屋建筑的地基基础工程和主体结构工程“合理使用年限”的具体化。根据《建筑结构可靠度设计统一标准》（GB 50068-2001）的规定，结构的设计使用年限应按标准采用，若建设单位提出更高要求，也可按建设单位的要求确定。

（三）结构的功能要求

结构在规定的设计使用年限内应满足下列功能要求。

1.安全性

安全性是指在正常施工和正常使用时能承受可能出现的各种作用。在设计规定的偶然事件（如地震、爆炸）发生时及发生后，仍能保持必要的整体稳定性。所谓整体稳定性，是指在偶然事件发生时及发生后，建筑结构仅产生局部的损坏而不致发生连续倒塌。

2.适用性

适用性是指在正常使用时具有良好的工作性能。如不产生影响使用的过大的变形或振幅，不发生足以让使用者产生不安的过宽的裂缝。

3.耐久性

耐久性是指在正常维护下具有足够的耐久性能。所谓足够的耐久性能，是指结构在规定的工作环境中，在预定时期内，其材料性能的恶化不致结构出现不可接受的失效概率。从工程概念上讲，足够的耐久性能就是指在正常维护条件下结构能够正常使用到规定的设计使用年限。

（四）结构的可靠度

结构的安全性、适用性、耐久性即为结构的可靠性。结构可靠度是对结构可靠性的概率描述，即结构的可靠度指的是，结构在规定的时间内，在规定的条件下，完成预定功能的概率。

结构可靠度与结构的使用年限长短有关。结构可靠度或结构失效概率，是对结构的设计使用年限而言的，也就是说，规定的时间指的是设计使用年限；而规定的条件则是指正常设计、正常施工、正常使用，不考虑人为过失的影响，人为过失应通过其他措施予以避免。为保证建筑结构具有规定的可靠度，除应进行必要的设计计算外，还应对结构材料性能、施工质量、使用与维护进行相应的控制。对控制的具体要求，应符合有关勘察、设计、施工及维护等标准的专门规定。

（五）安全等级及结构重要性系数

根据结构破坏可能产生的后果（危及人的生命、造成经济损失、产生社会影响等）的严重性，建筑物划分为3个安全等级。建筑结构设计时，应采用不同的安全等级。

大量的一般建筑物列入中间等级，重要的建筑物提高一级，次要的建筑物降低一级。设计部门可根据工程实际情况和设计传统习惯选用。大多数建筑物的安全等级属二级。同一建筑物内的各种结构构件宜与整个结构采用相同的安全等级，但允许对部分结构构件根据其重要程度和综合经济效果进行适当调整。如提高某一结构构件的安全等级所需额外费用很少，又能减轻整个结构的破坏，从而大大减少人员伤亡和财物损失，则可将该结构构件的安全等级比整个结构的安全等级提高一级；相反，如某一结构构件的破坏并不影响整个结构或其他结构构件，则可将其安全等级降低一级。

结构重要性系数γ_0是建筑结构的安全等级不同而对目标可靠指标有不同要求，在极限状态设计表达式中的具体体现。对安全等级为一级的结构构件γ_0不应小于1.1；对安全等级为二级的结构构件，γ_0不应小于1.0；对于安全等级为三级的结构构件，γ_0不应小于0.9；基础的γ_0不应小于1.0。

（六）地基基础设计等级

根据地基复杂程度、建筑物规模和功能特征以及因地基问题可能造成建筑物破坏或影响正常使用的程度，地基基础的设计分为甲、乙、丙三个设计等级。对于甲级和乙级地基基础，应进行地基的承载力计算和变形计算；对于部分丙级地基基础可仅进行地基的承载力计算，不做变形计算。

二、结构功能的极限状态

整个结构或结构的一部分超过某一特定状态就不能满足设计规定的某一功能要求，这个特定状态称为该功能的极限状态。极限状态可分为两类。

（一）承载能力极限状态

这种极限状态对应于结构或结构构件达到最大承载能力或不适于继续承载的变形。当结构或结构构件出现下列状态之一时，应认为超过了承载能力极限状态：①整个结构或结构的一部分作为刚体失去平衡、倾覆等；②结构构件或连接因超过材料强度而破坏（包括疲劳破坏）或因过度变形而不适于继续承载；③结构转变为机动体系；④结构或结构构件丧失稳定、压屈等；⑤地基丧失承载能力而破坏、失稳等。超过承载能力极限状态后，结构或构件就不能满足安全性要求。

（二）正常使用极限状态

这种极限状态对应于结构或结构构件达到正常使用或耐久性能的某项规定限值。当结构或结构构件出现下列状态之一时，应认为超过了正常使用极限状态：①影响正常使用或外观的变形；②影响正常使用或耐久性能的局部损坏（包括裂缝）；③影响正常使用的振动；④影响正常使用的其他特定状态结构或构件除了进行承载能力极限状态验算之外，还应进行正常使用极限状态验算。

三、极限状态方程

当荷载、地震、温度等因素作用于结构时，结构将产生内力、变形等。工程中把这种结构对外部作用的响应称为作用效应，它代表由各种荷载或作用分别产生的效应的总和，可以用一个随机变量 S 表示；把结构所具有的承载力，称为结构的抗力，用 R 表示。只有结构构件的每一截面的作用效应小于或等于其抗力时，构件才认为是可靠的，否则认为是失效的，因此结构的极限状态可用极限状态函数

$$Z = R - S \tag{1-1}$$

根据概率统计理论，设 R 、S 均为随机变量，则Z也是随机变量。可用 Z 的不同取值，描述结构的工作状态：当 $Z>0$时，结构处于可靠状态；当 $Z=0$时，结构处于极限状态；当 $Z<0$时，结构处于不可靠状态或失效状态。

结构设计中经常考虑的不仅是结构的承载力，多数场合还需要考虑结构对变形或开裂等的抵抗能力，极限状态方程还可推广为：

$$Z = g\left(x_1 \quad x_2 \quad \cdots \quad x_n\right) \tag{1-2}$$

式中，g（·）——结构的功能函数；

$x_i(i=1,2,\cdots,\ n)$——基本变量，是指结构上的各种作用和材料性能、几何参数等。

四、结构的失效概率

结构能够完成预定功能的概率称为可靠概率 P_s，不能完成预定功能的概率称为失效概率 P_f。结构的可靠性可用可靠概率 P_s 来度量，也可用失效概率 P_f 来度量。

当仅有结构抗力 R 和作用效应 S 两个基本变量且相互独立时，失效概率 P_f 可以表达为：

$$P_f = \int_{-\infty}^{\infty} f_S(S)\left[\int_{-\infty}^{3} f_R(r)dr\right]dS \tag{1-3}$$

由上式可以看出，即使最简单的情况，也需要对这两个变量的概率密度函数进行积分运算，而且并不是对所有的情况都能得到解析解。对于多个随机变量，计算失效概率则需要进行多重积分，当各变量间相关时，还需要知道它们的联合概率分布函数并进行积分运算。

因此，虽然用失效概率 P_f 来度量结构的可靠性物理意义明确，也已为国际上所公认。但是计算 P_f 非常复杂，很难直接按上述方法来度量结构的可靠性。

当仅有结构抗力 R 和作用效应 S 两个基本变量且均按正态分布时，结构的功能函数 $Z=R-S$ 也服从正态分布，且其均值和标准差分别为：

$$\mu_z = \mu_R - \mu_S$$

$$\sigma_z = \sqrt{\sigma_R^2 - \sigma_S^2} \tag{1-4}$$

这种情况下，计算失效概率 P_f 可大为简化。图1-1所示为结构的功能函数 $Z=R-S$ 的概率密度函数，结构的失效概率 P_f 可直接通过 $Z<0$ 的概率来表达（图1-1中阴影部分面积），将两个基本变量的正态分布标准化后，失效概率可以表达为：

$$P_f = \Phi\left(-\frac{\mu_z}{\sigma_z}\right) = 1-\Phi\left(\frac{\mu_z}{\sigma_z}\right) \tag{1-5}$$

式中，$\Phi(\cdot)$——标准正态分布函数。

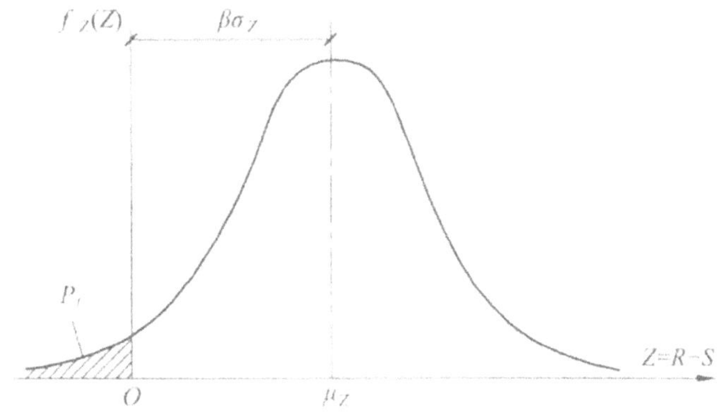

图1-1　失效概率 P_f 与可靠指标 β 的关系

五、可靠指标

（一）结构构件的可靠指标

当结构抗力 R 和作用效应 S 服从正态分布时，可靠指标 β 可以表示为：

$$\beta = \frac{\mu_z}{\sigma_Z} = \frac{\mu_R - \mu_S}{\sqrt{\sigma_R^2 - \sigma_S^2}} \tag{1-6}$$

代入式（1–5），则有

$$P_f = \Phi(-\beta) \tag{1-7}$$

从图1–1中可以看出，随着 β 的增大，结构构件的失效概率 P_f 减小，反之亦然。并且从式（1–7）可看出 β 值与失效概率 P_f 之间存在一一对应关系，可以作为衡量结构可靠性的一个指标，故称其为结构的“可靠指标”。

用可靠指标 β 来度量结构的可靠性比较方便，因为它只与功能函数的概率分布的均值 μ_z 和标准差 σ_Z 有关。因此，采用可靠指标 β 代替失效概率 P_f 来度量结构的可靠性。

由于多数荷载不服从正态分布，结构的抗力一般也不服从正态分布，所以实际工程中出现功能函数仅与两个正态变量有关的情况是很少的。此外，结构的极限状态方程也可能是多变量的非线性的。因此，应该采用一种求解可靠指标 β 的一般方法，可应用于功能函数包含多个正态或非正态变量、极限状态方程为线性或非线性的情况。

（二）设计可靠指标

结构构件设计时所应达到的可靠指标称为设计可靠指标，它是根据设计所要求达到的结构可靠度而取定的，所以又称为目标可靠指标。

1.承载能力极限状态时的设计可靠指标

当结构构件发生延性破坏时，目标可靠指标［β］值可定得稍低些，发生脆性破坏时，［β］值定得稍高些。延性破坏是指结构构件在破坏前有明显的变形或其他预兆；脆性破坏是指结构构件在破坏前无明显的变形或其他预兆。根据结构的安全等级和破坏类型，在对有代表性的结构构件进行可靠度分析的基础上，规定了按承载能力极限状态设计时采用的目标可靠指标［β］。

2.正常使用极限状态时的设计可靠指标

为促进房屋使用性能的改善，对结构构件正常使用的可靠度做出规定。对于正常使用极限状态的可靠指标，一般应根据结构构件作用效应的可逆程度宜取0 ~ 1.5。可逆程度较高的结构构件取较低值；可逆程度较低的结构构件取较高值。不可逆极限状态指产生超越状态的作用被移去后，仍将永久保持超越状态的一种极限状态；可逆极限状态指产生超越状态的作用被移去后，将不再保持超越状态的一种极限状态。

按照可靠指标方法设计时，实际结构构件的可靠指标值应满足下式的要求：

$$\beta \geqslant [\beta] \tag{1-8}$$

采用可靠指标设计方法，能够比较充分地考虑各有关因素的客观变异性，使所设计的结构比较符合预期的可靠度要求，并在不同结构之间，设计可靠度具有相对可比性。

六、极限状态设计表达式

对于一般常见的结构构件，直接按给定的目标可靠指标 $[\beta]$ 进行设计仍是十分复杂的，不易掌握。考虑到长期以来工程设计人员的习惯和应用的简便，《建筑结构可靠度设计统一标准》给出了以概率极限状态设计法为基础的，以基本变量标准值和分项系数表达的极限状态设计表达式。设计时并不需要做概率运算，也不需要计算可靠指标 $[\beta]$，便于广大设计人员掌握，而在内容上包含了结构可靠度理论研究的成果，设计表达式中的分项系数起着相当于设计可靠指标 $[\beta]$ 的作用。

（一）承载能力极限状态设计表达式

对于承载能力极限状态，应按荷载效应的基本组合或偶然组合进行荷载效应组合，并应采用下列设计表达式进行设计：

$$\gamma_0 S \leqslant R \tag{1-9}$$

式中，γ_0——结构重要性系数。

（二）正常使用极限状态设计表达式

按正常使用极限状态设计，主要是验算构件的变形、抗裂度或裂缝宽度。变形过大或裂缝过宽虽影响正常使用，但危害程度不及承载力极限状态引起的后果严重，所以可适当降低对可靠度的要求。

对于正常使用极限状态，应根据不同的设计要求，采用荷载的标准组合、频遇组合或准永久组合，并应按下列设计表达式进行设计：

$$S \leqslant C \tag{1-10}$$

式中，C 为结构或结构构件达到正常使用要求的规定限值，例如变形、裂缝、振幅、速度、应力等的限值，应按各种规范的规定确定。

第五节 建筑结构的作用

一、作用及作用效应

使结构产生内力或变形的原因称为“作用”，分为间接作用和直接作用两种。间接作用不仅与外界因素有关，还与结构本身的特性有关，如地震作用、温度变化、材料的收缩和徐变、地基不均匀沉降及焊接应力等。直接作用一般直接以力的形式作用于结构，如结构构件的自重、楼面上的人群和各种物品的重量、设备重量、风压及雪压等，习惯上称为荷载，结构上的荷载可根据其时间上和空间上的变异性分为3类：永久荷载、可变荷载和偶然荷载。

永久荷载，也称恒载：在结构设计使用期间，其值不随时间而变化，或其变化与平均值相比可以忽略不计，或其变化是单调的并能趋于限值的荷载。如结构自重、外加永久性的承重、作承重结构构件和建筑装饰构件的重量、土压力、预应力等。因为恒载在整个使用期内总是持续地施加在结构上，所以设计结构时，必须考虑它的长期效应：结构自重，一般根据结构的几何尺寸和材料容重的标准值（也称名义值）确定。

可变荷载，也称活荷载：在结构设计基准期内，其值随时间变化，且变化值和平均值相比不可忽略的荷载如工业建筑楼面活荷载、民用建筑楼面活荷载、屋面活荷载、屋面积灰荷载、车辆荷载、吊车荷载、风荷载、雪荷载、裹冰荷载、波浪荷载等。

偶然荷载：在结构设计基准期内不一定出现，一旦出现，其量值很大且作用时间很短。如罕遇的地震作用、爆炸、撞击等。

一般民用建筑结构最常见的作用包括：构件和设备产生的重力荷载、楼面可变荷载（屋面还包括积灰荷载和雪荷载）、风荷载和地震作用。其中：重力荷载和楼面使用荷载都是竖向荷载，前者属于永久荷载，后者属于可变荷载；风荷载和地震作用一般仅考虑水平方向，前者属于可变荷载，后者属于间接作用。在设有吊车的厂房中，还有吊车荷载。吊车荷载属于可变荷载，包括吊车竖向荷载和吊车水平荷载。在地下建筑中还涉及土压力和水压力；在储水、料仓等构筑物中则分别有水的侧压力和物料侧压力。土压力、物料侧压力按永久荷载考虑；水位不变的水压力按永久荷载考虑；水位变化的水压力按可变荷载考虑。温度变化也会在结构中产生内力和变形。一般建筑物受温度变化的影响主要有3种：室内外温差、日照温差和季节温差。目前，建筑物在温度作用下的结构分析方法还不完善，对于单层和多层建筑，一般采用构造措施，如屋面隔热层、设置伸缩缝、增加构造钢筋等，而在结构计算中不考虑温度的作用。但是，对于30层以上或高度超过100 m以上的建筑，其竖向温度效应不可忽略。

结构上的作用，若在时间上或空间上可作为相互独立时，则每一种作用均可按对结构单独作用考虑；当某些作用密切相关，且经常以最大值出现时，可以将这些作用按一种作用考虑。直接作用或间接作用在结构内产生的内力（如轴力、弯矩、剪力和扭矩）和变形（如挠度、转角和裂缝等）称为作用效应；仅由荷载产生的效应称为荷载效应。荷载与荷载效应之间通常按某种关系相互联系。

二、荷载代表值

不同荷载都具有不同性质的变异性。在设计中，不可能直接引用反映荷载变异性的各种统计参数，通过复杂的概率运算进行具体设计。因此，在设计时，除了采用能便于设计者使用的设计表达式外，对荷载还应赋予一个规定的量值，称为荷载代表值。在极限状态设计表达式中，荷载是以代表值的形式出现的，荷载可根据不同的设计要求，规定不同的代表值，以使之能更确切地反映它在设计中的特点。荷载的4种代表值，即标准值、组合值、频遇值和准永久值，其中标准值是荷载的基本代表值，其他代表值是标准值乘以相应的系数后得出的。结构设计时，应根据各种极限状态的设计要求采用不同的荷载代表值。对永久荷载应采用标准值作为代表值，对可变荷载应采用标准值、组合值、频遇值或准永久值作为代表值。对偶然荷载应按建筑结构使用特点确定其代表值。

（一）荷载标准值

荷载标准值是荷载的基本代表值，是指在结构使用期间可能出现的最大荷载值。由于荷载本身的随机性，使用期间的最大荷载实际上是一个随机变量。以设计基准期最大荷载概率分布的某个分位值作为该荷载的标准值。

目前，并非对所有荷载都能取得充分的资料，为此，不得不从实际出发，根据已有的工程实践经验，通过分析判断后，协议一个公称值作为代表值。对于结构自身重力可以根据结构的设计尺寸和材料的重力密度确定。可变荷载通常还与时间有关，是一个随机过程，如果缺乏大量的统计资料，也可以近似地按随机变量来考虑。按照ISO国际标准的建议，可变荷载标准值应由设计基准期内最大荷载统计分布，取其平均值减1.645倍标准差确定。考虑到我国的具体情况和规范的衔接，基本上采用的是经验值。其他的荷载代表值都可在标准值的基础上乘相应的系数后得出。对某类荷载，当有足够资料而有可能对其统一分布做出合理估计时，则在其设计基准期最大荷载的分布上，可根据协议的百分位，取其分位值作为该荷载的代表值，原则上可取分布的特征值（例如，均值、众值或中值），国际上习惯称之为荷载的特征值。实际上，对于大部分自然荷载，包括风、雪荷载，习惯上都以其规定的平均重现期来定义标准值，也就是相当于以其重现期内最大荷载的分布的众值为标准值。需要说明的是，我国提供的荷载标准值属于强制性条款，在设计中必须作为荷载最小值采用；若不属于强制性条款，则应当由业主认可后采用，并在设计文件中注明。

（二）可变荷载组合值

当有两种或两种以上的可变荷载在结构上要求同时考虑时，由于所有可变荷载同时达到其单独出现时可能达到的最大值的概率极小，因此除主导荷载（产生最大效应的荷载）仍可以其标准值为代表值之外，其他伴随荷载均应采用小于其标准值的组合值为荷载代表值，使组合后的荷载效应在设计基准期内的超越概率与该荷载单独出现时的概率趋于一致。原则上组合值可按相应时段最大荷载分布中的协议分位值来确定。但是考虑到目前实际荷载取样的局限性，并未明确荷载组合值的确定方法，主要还是在工程设计的经验范围内，偏保守地加以确定。

可变荷载组合值=荷载组合值系数×可变荷载标准值

（三）可变荷载频遇值和准永久值

可变荷载的标准值反映了最大荷载在设计基准期内的超越概率，但没有反映出超越的持续时间长短。当结构按正常使用极限状态的要求进行设计时，需要从不同要求出发，选择频遇值或准永久值作为可变荷载代表值。

在可变荷载的随机过程中，荷载超过某水平荷载 x 有两种形式：其一是在设计基准期 T 内，荷载超过 x 的次数 n_x 或平均跨阈率 v_x（单位时间内超过 x 的平均次数）；其二是超过 x 的总持续时间 $T_x=\sum t_i$，或与设计基准期 T 的比率 $u_x=T_x/T$。当考虑结构的局部损坏或疲劳破坏时，设计中应根据荷载可能出现的次数，也就是通过 v_x 来确定其频遇值；当考虑结构在使用中引起不舒适感时，就应根据较短的持续时间，也就是通过 u_x 来确定其频遇值，一般取 $u_x=0.1$。频遇值相当于在结构上时而出现的较大荷载值。

可变荷载频遇值是正常使用极限状态按频遇组合设计所采用的一种可变荷载代表值。在设计基准期内，荷载达到和超过该值的总持续时间仅为设计基准期的一小部分。

可变荷载频遇值=荷载频遇值系数×可变荷载标准值

准永久值在设计基准期内具有较长的总持续时间 T_x，对结构的影响犹如永久荷载，一般取 $u_x=0.5$。如果可变荷载被认为是各态历经的平稳随机过程，则准永久值相当于荷载分布中的中值；对于有可能划分为持久性荷载和临时性荷载的可变荷载，可以直接引用荷载的持久性部分，作为准永久荷载，并取其适当的分位值作为准永久值。可变荷载准永久值是正常使用极限状态按准永久组合所采用的可变荷载代表值。在结构设计时，准永久值主要考虑荷载长期效应的影响。在设计基准期内，达到和超过该荷载值的总持续时间约为设计基准期的一半。

可变荷载准永久值=荷载准永久值系数×可变荷载标准值

三、荷载分项系数与荷载设计值

为使在不同设计情况下的结构可靠度能够趋于一致，荷载分项系数应根据荷载不同的变异系数和荷载的具体组合情况，以及与抗力有关的分项系数的取值水平等因素确定。但为了设计方便，将荷载分成永久荷载和可变荷载两类，相应给出永久荷载分项系数和可变荷载分项系数，这两个分项系数是在荷载标准值已给定的前提下，使按极限状态设计表达式所得的各类结构构件的可靠指标，与规定的目标可靠指标之间，总体上以误差最小为原则，经优化后选定的。

荷载设计值的定义为：

荷载设计值=荷载分项系数×荷载代表值

第六节　荷载组合

对于荷载效应与荷载为线性关系的情况，荷载组合常以荷载效应组合的形式表达。建筑结构设计应根据使用过程中在结构上可能同时出现的荷载，按承载能力极限状态和正常使用极限状态分别进行荷载组合，并应取各自最不利的组合进行设计。

一、基本组合和偶然组合

对于承载能力极限状态，应按荷载的基本组合或偶然组合计算荷载组合的效应设计值，并应采用下列设计表达式进行设计：

$$\gamma_0 S_d \geqslant R_d \tag{1-11}$$

式中，γ_0——结构重要性系数；

S_d——荷载组合的效应设计值；

R_d——结构构件抗力的设计值，应按各有关建筑结构设计规范的规定确定。

（一）基本组合

对于基本组合，荷载效应组合的设计值 S_d 应取由可变荷载效应控制和由永久荷载效应控制的组合计算得到的效应设计值的不利值。

由可变荷载效应控制的组合，应按下式进行计算：

$$S_d = \sum_{j=1}^{m} \gamma_{G_j} S_{G_j k} + \gamma_{Q_1} \gamma_{L_1} S_{Q_1 k} + \sum_{i=2}^{n} \gamma_{Q_i} \gamma_{L_i} \psi_{c_i} S_{Q_i k} \tag{1-12}$$

由永久荷载效应控制的组合，应按下式进行计算：

$$S_d=\sum_{j=1}^{m}\gamma_{G_j}S_{G_jk}+\sum_{i=1}^{n}\gamma_{Q_i}\gamma_{L_i}\psi_{c_i}S_{Q_ik} \tag{1-13}$$

式中，S_{G_jk}——第 j 个永久荷载标准值产生的荷载效应值；

S_{Q_ik}——第 i 个可变荷载标准值产生的荷载效应值；

γ_{G_j}——第 j 个永久荷载的分项系数：当其效应对结构不利时，对由可变荷载效应控制的组合取1.2，对永久荷载效应控制的组合取1.35；当其效应对结构有利时，一般情况下应取1.0；

γ_{Q_i}——第 i 个可变荷载的分项系数，其一般情况下取1.4，对标准值大于4 kN/m^{2}的工业房屋楼面结构的活荷载应取1.3；

γ_{L_i}——第 i 个可变荷载考虑设计使用年限的调整系数：设计使用年限为5年、50年、100年时，分别取0.9、1.0和1.1；当采用100年重现期的风压和雪压为标准值时，设计使用年限大于50年时风、雪荷载的 γ_{L_i} 取1.0；

ψ_{c_i}——第 i 个可变荷载的组合值系数；

n——参与组合的可变荷载数；

m——参与组合的永久荷载数。

当 S_{Q_ik} 无法明显判断时，应轮次以各可变荷载作为 S_{Q_ik}，并选取其中最不利的荷载组合的效应设计值。

（二）偶然组合

用于承载能力极限状态计算的效应设计值 S_d，应按下式进行计算

$$S_d=\sum_{j=1}^{m}S_{G_jk}+S_{A_d}+\psi_{f_1}S_{Q_ik}+\sum_{i=2}^{n}\psi_{q_i}S_{Q_ik} \tag{1-14}$$

用于偶然事件发生后受损结构整体稳固性验算的效应设计值 S_{A_d}，应按下式进行计算：

$$S_{A_d}=\sum_{j=1}^{m}S_{G_jk}+\psi_{f_1}S_{Q_ik}+\sum_{i=2}^{n}\psi_{q_i}S_{Q_ik} \tag{1-15}$$

式中，S_{A_d}——按偶然荷载标准值 A_d 计算的荷载效应值；

ψ_{f_1}——第1个可变荷载的频遇值系数；

ψ_{q_i}——第 i 个可变荷载的准永久值系数。

二、标准组合、频遇组合和准永久组合

对于正常使用极限状态，应根据不同的设计要求，采用荷载的标准组合、频遇组合或

准永久组合，并应按下列设计表达式进行设计：

$$S_d \leqslant C \tag{1-16}$$

式中 C——结构或结构构件达到正常使用要求的规定限值，例如变形、裂缝、振幅、加速度、应力等的限值，应按各有关建筑结构设计规范的规定采用。

（一）标准组合

标准组合主要用于当一个极限状态被超越时将产生严重的永久性损害，荷载效应组合的设计值 S_d 应按下式进行计算：

$$S_d = \sum_{j=1}^{m} S_{G_j k} + S_{Q_1 k} + \sum_{i=2}^{n} \psi_{c_i} S_{Q_i k} \tag{1-17}$$

（二）频遇组合

频遇组合用于当一个极限状态被超越时将产生局部损害、较大变形或短暂振动等情况，荷载频遇组合的效应设计值 S_d 应按下式进行计算：

$$S_d = \sum_{j=1}^{m} S_{G_j k} + \psi_{f_1} S_{Q_1 k} + \sum_{i=2}^{n} \psi_{q_i} S_{Q_i k} \tag{1-18}$$

（三）准永久组合

准永久组合主要用在当长期效应是决定性因素时的一些情况，荷载准永久组合的效应设计值 S_d 应按下式进行计算：

$$S_d = \sum_{j=1}^{m} S_{G_j k} + \sum_{i=1}^{n} \psi_{q_i} S_{Q_i k} \tag{1-19}$$

第二章

建筑结构抗震概念设计

第一节　整体设计概念

成功的建筑设计必然基于一个经济合理的结构方案。在各种可能的结构形式、结构体系和结构布置的比较中，结构方案的选择与优化将会在待定的物质与技术条件下具有尽可能好的结构性能、经济效果与建设速度。对某一类建筑来说，可能相对地突出其某一方面或某两个方面来判断其合理性，如经济性和可靠性。同时，由于建筑物的选型及其平面、剖面、立面的设计对结构方案的合理性影响巨大，因此在建筑设计时亦应考虑到结构的合理性，这样才会使设计趋于合理、完美。而结构方案的确定则取决于房屋的性质和高度，另外还与物质、技术条件以及工期要求有关。

一、抗震设计目标

结构的抗震设防是指建筑物进行抗震设计并采取一定的抗震构造措施，以达到结构抗震的效果和目的。建筑物所在地区的地震基本烈度，是指该地区在一定时期内（如100年）在一般场地条件下可能遭遇的最大地震烈度。抗震设防所依据的抗震设防烈度是指建筑物使用的基本烈度。一般情况下，建筑抗震设防烈度是指建筑物所在地区的基本烈度。对于重要的和特别重要的建筑，其设防烈度是在基本烈度的基础上加以调整。

工程结构抗震设计时根据建筑物所处的地段、使用功能和重要性的不同进行设防分类。建筑分为以下四个抗震设防类别。

（一）特殊设防类（简称甲类）

使用上有特殊设施，涉及国家公共安全的重大建筑工程和地震时可能发生严重次生灾害等特别重大灾害后果，需要进行特殊设防的建筑。

（二）重点设防类（简称乙类）

地震时使用功能不能中断或需尽快恢复的生命线相关建筑，以及地震时可能导致大量人员伤亡等重大灾害后果，需要提高设防标准的建筑。

（三）标准设防类（简称丙类）

大量的除甲、乙、丁类建筑以外按标准要求进行设防的建筑。

（四）适度设防类（简称丁类）

使用上人员稀少且震损不致产生次生灾害，允许在一定条件下适度降低要求的建筑。

在计算地震作用时，则根据地震发生概率的大小进行划分。小震即为50年内超越概率63.2%的多遇地震，其烈度比基本烈度低1.55度；中震为50年内超越概率10%的地震，其烈度即为基本烈度；大震为50年内超越概率2%～3%的罕遇地震，其烈度比基本烈度高1度。基本烈度为8度的地区，众值烈度为6.45度，罕遇烈度为9度。

相应于三个水准的地震作用，工程抗震设计遵循“三水准”“两阶段”的设计准则。“三水准”即“小震不坏、中震可修、大震不倒”的设计理念。

第一水准为“小震不坏”，即在多遇地震作用下建筑结构处于正常使用阶段，材料受力处于弹性阶段，在地震的作用下，结构不会发生明显的变化，没有明显的破坏迹象。

第二水准为“中震可修”，即在遭受基本烈度的地震作用下，结构可能出现一定的损坏，但加以修缮后可继续使用，材料受力处于塑性阶段，但被控制在一定的限度内，残余变形不大。

第三水准为“大震不倒”，即在罕遇地震作用下，结构发生严重破坏，但材料的变形仍在控制范围内，不至于迅速倒塌，为人员逃生赢得时间。

第一阶段设计原则是首先按小震的地震参数，求得结构在弹性状态下的地震作用效应，然后与其他荷载效应按一定的组合原则进行组合，对构件截面进行抗震设计或验算，以保证必要的强度。再验算在小震作用下结构的弹性变形。这一阶段设计，用以满足第一水准的抗震设防要求。对绝大多数结构进行多遇地震作用下的结构和构件承载力验算和结构弹性变形验算，对各类结构按规范规定采取抗震措施。

第二阶段设计原则是在大震作用下，验算结构薄弱部位的弹塑性变形，对特别重要的建筑和地震时易倒塌的结构除进行第一阶段的设计外，还要按第三水准烈度（大震）的地震动参数进行薄弱层（部位）的弹塑性变形验算，并采取相应的构造措施，以满足大震不倒的设防要求。

在设计中通过良好的抗震构造措施使第二水准要求得以实现，从而满足中震可修的要求。第一阶段设计，对大多数结构来说，可只进行第一水准设计，而通过概念设计和抗震构造要求来满足第三水准的设计要求。但对于质量、刚度明显不均匀的结构，有特殊要求的重要结构以及地震时容易倒塌的结构，还需进行第三水准抗震设计。

二、避免地面变形的直接危害

实际工程中选择工程场址时，应进行详细勘察，厘清地形、地质情况，挑选对建筑抗震有利的地段；尽可能避开对建筑抗震不利的地段；任何情况下均不得在抗震危险地段上，建造可能引起人员伤亡或较大经济损失的建筑物，以避免地面变形的直接危害。

建筑抗震的危险地段，一般是指地震时可能发生崩塌、滑坡、地陷、地裂、泥石流等的地段，以及震中烈度为8度以上的发震断裂带在地震时可能发生地表错位的地段，选址时应注意避开抗震危险地段。

对建筑抗震有利的地段，一般是指位于开阔平坦地带的坚硬场地或密实均匀中硬场地土。选择对抗震有利的地段．应注意避开不利地形，如孤立的山包和山梁的顶部，高差较大的台地边缘．非岩质的陡坡，河岸和河坡边缘;就选择场地土质而言，应避开软弱土，易液化土，古河道、断层破坏带或半埋半挖地基等，在平面分布上成因、岩性、状态明显不均匀的地段。需注意的是，不同类别的土壤，具有不同的动力特性，地震反应也随之出现差异，建筑物不应跨在两类土层上；若采用可液化土或软土等震陷土作为建筑物的地基，在发生地震时，建筑物可能因地基液化而下沉，所以不应采用震陷土作为建筑物的天然地基。

三、减少地震能量的输入

场地覆盖层厚度（简称土层厚度）是指地面至基岩或剪切波速大于500m/s的坚硬土顶面的距离。国内外多次大地震的经验表明：柔性建筑，厚土层上的震害重，薄土层上的震害轻，直接落在基岩上的震害更轻。对于高层建筑，应考虑建于基岩或薄土层上，与建于厚土层上相比较，可减少地震输入能量，减轻破坏程度。

对于具有较长周期的高层建筑，位于软土上时，地震输入能量要比位于硬土上时大得多。就减轻地震能量的输入而言，应将建筑建造在坚硬场地土上。

地震动卓越周期又称地震主导周期，它相当于地震某一时期地面运动记录计算出的反应谱的主峰值所对应的周期。建筑震害分析表明，建筑周期与地震动卓越周期相接近，是引起建筑共振破坏的主要因素和直接原因。在进行建筑设计时，首先要估计地震引起的该建筑所在场地的地震动卓越周期；然后，在进行建筑方案设计时，通过改变房屋层数和结构类型，尽量加大建筑物基本周期和地震动卓越周期的差距。

地震对建筑物的破坏作用，是由地面激发起建筑的强烈振动所造成的，也就是说，破坏能量来自地面，通过基础向上部结构传递。通过对地震经验的总结可知，地震时结构底部的有限滑动，能大幅度减轻上部结构的被破坏程度，于是应对基础的隔震进行系统的试验研究。基于可动概念的基础隔震方案有很多，主要有软垫式隔震、滑移式隔震、摆动式隔震和选调式隔震等，均可用来改变结构的动力特性，减少地震能量的输入，减小结构地震反应，以达到防震的目的。

四、削减地震反应

结构的弹性地震反应，是结构阻尼和周期的函数。它随结构阻尼比的增大和自振周期的加长而减小。结构阻尼对于削减最大共振反应极为有效，提高结构的阻尼比，可以削减地震作用，减小楼层地震剪力。结构阻尼随所用材料、结构类型、地基土质和振动性质而变化。在进行建筑设计时，应根据具体的工程情况，选用具有较大阻尼的结构类别和体系。为了提高结构的阻尼，可以在结构上设置阻尼器或者利用主体结构与刚性挂板之间的特殊连接装置的非弹性性能和摩擦，以吸收地震输入能量，减小结构变形。

一座建筑耐震与否，主要取决于结构所能吸收的地震能量，它等于结构承载力与变形能力的乘积。也就是说，结构的抗震能力是由承载力和变形能力两者共同决定的。承载力较低但具有较大延性的结构，所吸收的能量多，虽然较早出现损坏，但能经受住较大的变形，避免倒塌。仅有较高强度而无塑性变形能力的脆性结构，吸收的能量少，一旦遭遇超过设计水平的地震，很容易因脆性破坏而突然倒塌。对于地震区的建筑，为了防止突然倒塌，要求结构具有一定的延性。从经济观点出发，应采用高延性的构件，因为延性越大，不但结构的变形能力越大，抗倒塌能力越强，而且作用在结构上的等效弹性作用也越小，较小的构件即可满足要求。

五、合理的结构布置

对称结构在地面平动作用下，一般仅发生平移振动，各构件的侧移量相等，水平地震力按构件刚度分配，因而各构件的受力较为均匀。而非对称结构由于刚心偏在一边，质心与刚心不重合，即使在地面平动的作用下，也会激起扭转振动，会造成远离刚心的刚度较小的构件，由于侧移量加大很多，所分担的地震剪力也显著增大，很容易因超出允许抗力和变形极限而发生严重破坏，甚至会导致整个结构因一侧构件失效而倒塌。在进行结构平面布置时，应尽力做到对称布置。对于结构的抗侧力构件应合理布置，筒体结构的位置要居中和对称，抗震墙沿房屋周边布置。

结构的竖向布置应尽量做到沿房屋全高的等强布置。近年来的许多建筑中，由于底部几层设置门厅、餐厅或商场需要大空间，上部的抗震墙或竖向支撑由此被中止，而采取框架体系。这种结构体系的上部楼层抗推刚度大，下部楼层抗推刚度小，在建筑物的底层或底部两三层形成柔弱层，在地震作用下，房屋的侧移大部分集中于底层，而导致底层需要吸收很多能量，其结果是底层严重破坏甚至倒塌。要改善带有柔弱底层的建筑的抗震性能，只有对柔弱底层采取补强措施。可在房屋两端设置由纵、横墙形成的钢筋混凝土筒体，必要时还可加厚筒壁，加强底层的抗侧力刚度。

地震区的高层建筑，剪力墙和框架柱都承担着较大的地震剪力和倾覆力矩，如果因为布置局部大空间等，在中间楼层处被截断，就会因承力构件的不连续，导致传力路线不明确，出现抗震薄弱环节。此外，剪力墙和框架柱截面的突变，也会因刚度和强度的剧烈变化，带来变形集中和应力急剧增加等不利影响。所以在确定结构方案时，要保持承力构件的连续；剪力墙、框架柱截面每边尺寸的加大或减少，一次不得超过25%。而对于同一楼层的框架柱，应该具有大致相同的刚度、强度和延性，否则在发生地震时很容易因受力大小的悬殊而被各个击破，形成框架柱先后依次破坏的情况。

六、恰当的结构材料

在建筑方案设计阶段，研究建筑形式的同时，不仅需要考虑选用合适的结构体系，还需考虑选用恰当的结构材料，需对各种材料的抗震性能有相应的了解，以便能够根据工程建设的各方面的条件，选用既符合抗震要求又经济实用的结构类型。

单从抗震角度来考虑，作为一种较好的结构材料，应该具备下列性能：①延性系数高；②“强度/重力”的比值大；③匀质性好；④正交各向同性；⑤构件的连接具有整体性、连续性和较好的延性，并能发挥材料的全强度。

按照上述标准来衡量，高层建筑使用不同材料的几种结构类型，依其抗震性能优劣而排序是：①钢结构；②型钢混凝土结构；③钢-混凝土组合结构；④现浇钢筋混凝土结构；⑤预应力混凝土结构；⑥装配式钢筋混凝土结构；⑦配筋砌体结构。

七、多道抗震防线

一次大地震的持续时间可能有几秒到十几秒，甚至更长，可能对建筑物产生多次往复式冲击，造成累积式破坏。如果结构采用单一结构体系，仅有一道抗震防线，该防线一旦破坏，持续而来的地震动就会促使建筑物倒塌。如果建筑物采用的是多重抗侧力体系，第一道防线的抗侧力构件在强烈地震作用下遭到破坏后，后备的第二道乃至第三道防线的抗侧力构件立即接替，抵挡住后续的地震波冲击，可保证建筑物最低限度的安全，避免倒塌。符合多道抗震防线的结构体系有框架剪力墙体系、框架支撑体系、框架-筒体结构、筒中筒体系等。

在框架-剪力墙、框架-支撑、框架-筒体、筒中筒等双重抗侧力体系中，框架、筒体、剪力墙、竖向支撑以及砌体填充墙等承力构件，都可充当第一道防线的主力构件，率先抵御水平地震作用的冲击。原则上说，应当优先选择不承担或少承担重力荷载的竖向支撑或填充墙，或者选用轴压比值较小的抗震墙、实墙筒体之类的构件，作为第一道抗震防线的抗侧力构件。一般情况下，不宜采用轴压比很大的框架柱兼作第一道防线的抗侧力构件。若采用单一的框架体系，框架成为整个体系中唯一的抗侧力构件，应该采用“强柱弱梁”型延性框架。“强柱弱梁”型框架在水平地震作用下，梁的屈服先于柱的屈服，可做到用梁的变形来消耗输入的地震能量，使框架柱退居到第二防线的位置，避免楼面的整体坍塌。

为了进一步增加双重体系的抗震防线，可在位于同一轴线上的两片单肢剪力墙，剪力墙与框架，两列竖向支撑之间，于每层楼盖处设置一根两端刚接的抗弯连梁，通过恰当的配筋等措施，使其具有较好的延性，成为整体结构中附加的赘余杆件，在地震作用中首先承担地震前期的脉冲冲击，消耗尽可能多的地震能量，以达到保护整体结构的作用。从效果上来说，它相当于增多了一道防线，将原来位于第一防线的主要主体结构推至第二防线的位置。

八、抗侧力体系的优化

地震时建筑物将受到两个正交的水平方向和一个竖向地震力的作用，这对于采用框架结构的柔性方案高层建筑是不利的。采用刚性方案的高层建筑中，纵向和横向地震力大部分由相应方案的剪力墙、支撑和筒体所承担，柔性框架的双向地震力和变形均较小，因而双向地震作用对刚性方案高层建筑影响不大。对于一般性构造的高层建筑，刚性设计比柔性设计好。层数较多的高层建筑，不宜采用钢筋混凝土框架体系，而应采用布置有一定数量的抗震墙的框架–剪力墙体系，或者采用框架–支撑、筒体–框架等刚度较大的抗侧力体系。

在地震作用下，只有当结构的某些杆件出现破坏而变成机动构架时，建筑才会倒塌。因此，结构的超静定次数越多，进入倒塌的过程就越长。在一定烈度和场地条件下，输入结构的地震能量大体上是定量的。地震作用下，结构上每出现一个塑性铰，即可吸收和耗散一定数量的地震能量。整个结构在变成机动构架之前，能够出现的塑性铰越多，耗散地震输入的能量也就越多，就更能经受住较强地震而不倒塌。从这个意义上来说，超静定次数越多的结构，其抗震可靠度也就越高。因此，超静定结构比静定结构具有更高的抗震可靠度。结构设计中，应利用较多的赘余杆件耗散地震能量，保证整体结构的安全。

九、控制结构变形

水平地震作用下高层建筑结构各楼层的侧移包含四种成分：整体剪切变形、整体弯曲变形、整体平移、整体转动。其中上部结构的变形，即整体剪切变形和整体弯曲变形是引起高层建筑震害最主要和最广泛的原因。

地震时结构的侧移特别是层间侧移的大小，是建筑物破坏程度的决定性因素。因此，在高层建筑抗震设计中，控制结构的侧移成为关键性环节，能否将侧移控制在允许限度范围内，是检验抗侧力体系有效性的重要指标。

在工程设计时，可以通过减小梁距、柱距或者利用梁柱组合效应来控制结构侧移。弯–剪双重抗侧力体系，是指采用弯曲型和剪切型两种不同变形属性构件所组成的结构体系。两种构件通过各层楼板的联系进行协调工作，将显著减小结构的顶点侧移和下部各楼层的最大层间侧移；在平面为方形的建筑中，可通过设置加筋桁架控制侧移；框架–剪力墙体系中的竖向支撑，通常都是在框架的同一跨度内沿竖向连续布置，此种支撑在侧力作用下，整体弯曲变形所引起的顶部侧移较大，将竖向支撑交错布置或分散布置，可有效减小结构侧移。

十、刚度、承载力和延性的匹配

在地震荷载作用下，刚度大的建筑地震力大，刚度小的建筑变形大。地震经验以及结构弹塑性时程分析研究结果表明，结构地震反应的强弱以及构件、节点等部位的破坏程度，不仅与结构抗推刚度的大小有关，而且与构件、节点的承载力及构造细节密切相关。在进行设计时，应通过合理配筋或构造措施使承载力与刚度相匹配。

要使高层建筑在遭遇强烈地震时具有很强的抗倒塌能力，最理想的是使结构中的所有构件及构件中的所有杆件均具有很高的延性，在实际设计中，应有选择地着重提高结构小的重要构件以及某些构件中关键杆件或关键部位的延性。其原则是：在结构的竖向上，应该着重提高建筑中可能出现塑性变形集中的相对柔弱楼层的构件的延性；在平面位置上，应该着重提高房屋周边转角处、平面突变处以及复杂平面各翼相接处的构件的延性。对于偏心结构，应加大房屋周边特别是刚度较弱一端构件的延性；对于具有多道抗震防线的抗侧力体系，应着重提高第一道防线中构件的延性。如在框架-剪力墙体系中，应重点提高抗震墙的延性；在筒中筒体系中，应重点提高实墙内筒的延性。

为了适应建筑布置方面的要求，在结构抗侧力体系中难免出现诸如宽墙肢、短柱和深梁之类的不利于抗震的构件，可通过配置斜向钢筋、将短粗型杆件分割成较细杆件、变单肢墙为双肢墙来提高构件的延性。

十一、确保结构的整体性

建筑在地震作用下丧失整体性后，或者由于整个结构变成机动构架而倒塌，或者由于外围构件平面外失稳而倒塌。所以，使建筑具有足够的抗震可靠度，确保结构在地震作用下不丧失整体性，是必不可少的条件之一。

结构的连续性是使结构在地震时能够保持整体性的重要手段之一。要使结构具有连续性，首先应从结构类型的选择上着手。例如，施工质量良好的现浇钢筋混凝土结构和型钢混凝土结构较半预制的钢筋混凝土结构连续性和抗震整体性好。

要提高房屋的抗震性能，保证各个构件充分发挥承载力，首要的是加强构件间的连接，使之能满足传递地震力时的强度要求和适应地震时大变形的延性要求。只要构件间的连接不被破坏，整个结构就能始终保持其整体性，充分发挥其空间结构体系的抗震作用。

高层建筑中的板柱体系、框架体系、框筒体系、框架-支撑体系及框架-剪力墙体系，均属于超静定结构，它们对构件的竖向变位是敏感的。基础的较大差异沉降将在框架的梁、柱中引起很大的次弯矩。对于此种情况，最好设置地下室，采用箱形基础或沿房屋纵、横向设置具有较高截面的通长基础梁，使建筑具备较大的竖向整体刚度，以抵抗地震时可能出现的地基不均匀沉陷。

第二节 框架结构

一、框架结构体系

框架结构是由直线型受力构件梁与柱组成的一种结构体系，利用梁与柱的刚度来提高结构的变形能力，同时抵抗外界作用在结构内部引起的内力。框架结构布置灵活，便于在建筑内墙和外墙上开洞，易于满足建筑在空间方面的要求，被广泛应用在工业与民用建筑中。对于普通的建筑多采用四排柱方案，有等跨式和内廊式。等跨式常用于公用建筑或轻型厂房；内廊式一般适用于教学楼、办公楼、医院和宾馆等。

框架结构的柱网尺寸和层高，应根据房屋的功能、使用要求、建筑材料和施工条件等因素综合确定，并应符合一定的模数。其原则是力求做到柱网平面尺寸简单规范，有利于装配化、定型化和施工工业化，一般情况下，柱网可采用6.3m×4.8m、6.6m×6.0m和6.9m×6.6m等，层高可为3.3m、3.6m、3.9m和4.2m等。

根据建造材料的不同，框架结构一般可分为钢筋混凝土框架、钢框架和木框架等。

按施工方法的不同，钢筋混凝土框架可以分为现浇整体式框架、装配式框架、装配整体式框架和半现浇框架四类。

现浇整体式框架结构的梁、柱和楼板由于为现场浇筑而成，具有整体性好、刚度大、利于抗震、预埋件少和节约钢材等优点，但存在现浇工程量大、模板耗费多、工期长以及劳动强度大的缺点。

装配式框架的梁、柱和楼板均为预制的构件，在现场通过预埋件焊接、拼装而成为整体结构。构件采用预制的方法，便可以将构件的截面尺寸、长度、承载力等指标进行标准化、定型化，从而实现机械化生产，相比全现浇的框架结构可以节约模板、缩短建造工期、减少劳动力，并改善劳动工作环境。但由于预埋件较多、用钢量大，且整体性不好，装配式框架结构的应用不是十分广泛。

钢框架一般为钢梁与钢柱通过螺栓、焊缝连接而成的结构体系，这类结构的抗侧力能力主要取决于梁柱构件节点的强度与变形性能，节点常采用刚性连接。钢材的内部组织均匀，在不同方向上的性能基本相同，强度易于保证，因而结构的可靠性大。相比混凝土材料，钢材具有轻质高强、延性好的性能，自重轻减小了结构所受的地震作用，良好的延性使结构不致倒塌，但结构承载力和延性也有可能会因为发生结构或构件的失稳破坏、材料的脆性破坏、构件之间的连接破坏而不能充分发挥。

二、框架结构的抗震设计

（一）结构的高度

框架结构整体的抗侧移刚度主要取决于梁柱构件的刚度，当结构高度增加时，其内力和侧移增加很快，结构的抗震性能会受到影响。框架结构多用于10层以下的住宅、办公楼及各类公共建筑与工业建筑中，对于不同的抗震设防要求，结构的最大适用高度不同。

（二）结构的布置

结构在地震作用下可能发生扭转变形产生剪应力，这会导致结构单元的两端及拐角处扭转应力增大，受力变得复杂，容易造成破坏，因此诸如楼梯间、电梯间这样的非结构构件不宜设在结构单元的两端及拐角处。

当钢框架结构平面为矩形平面时，其长宽比不宜大于1.5：1。对于钢框架结构房屋，当抗震烈度为6度或7度、8度和9度时，结构的高宽比分别为6.5、6.0和5.5。

（三）构件的截面

结构在外力作用下，构件产生内力并以应力的形式分布在构件截面上，则此应力的分布形式及大小与截面的几何特性有关。

为了防止梁发生剪切破坏而降低其延性，应保证梁截面满足一定的几何要求。梁的截面高度不宜小于200mm，且不宜小于柱宽的1/2，截面高度与宽度的比值不宜大于4，梁净跨与截面高度之比不宜小于4。

地震作用下，柱横截面上的平均剪力若太大，会使柱产生脆性的剪切破坏，截面应力的大小及分布与其几何形状、尺寸有关，故设计时要求柱截面的宽度和高度均不宜小于300mm，柱的剪跨比宜大于2，柱截面的宽高比不宜大于3。

同时，柱横截面上若平均压力太大，则会降低柱的变形性能，因此抗震等级为一级、二级、三级和四级的框架柱的轴压比限值分别为0.65、0.75、0.85和0.90。轴压比是指柱组合的轴压力设计值 N 与柱的全截面面积 A 和混凝土的轴心抗压强度设计值 f_c 乘积的比值 $N/(f_cA)$。柱的截面不宜过小，应满足结构的侧移变形及轴压比的要求。

为减小内力偏心对构件承载力的影响，梁与柱轴线宜重合，不能重合时其最大偏心距不宜大于柱宽的1/4。

（四）结构的破坏模式

进行抗震设计的框架结构，应具有良好的变形能力和合理的破坏模式，设计成延性框架时，应遵循“强柱弱梁”“强剪弱弯”“强节点、强锚固”等设计原则。“强柱弱梁”要求在强烈地震下，结构发生较大侧移而进入非弹性阶段时，要求实现梁的破坏先于柱的破坏，即塑性铰应首先在梁上形成。应尽可能避免在危害更大的柱上出现塑性铰，此时梁端受拉钢筋将先于柱端受拉钢筋发生屈服。

结构还应避免发生脆性破坏。剪切破坏是脆性破坏，而配筋适当的弯曲破坏是延性破坏。“强剪弱弯”要求在弯曲破坏之前不发生剪切破坏，同时要保证塑性铰的转动能力，也应当防止剪切破坏的发生。因此，在设计框架结构构件时，构件的抗剪承载力应高于该构件的抗弯承载力。

高层钢结构亦应遵循“强柱弱梁”的设计原则。在地震作用下，塑性铰应在梁端形成而不应在柱端形成，这可使框架具有较大的内力重分布和耗散能量的能力，故应将柱端设计成比梁端有更大的承载力。当轴压比较小时，可以不验算“强柱弱梁”。

（五）构件的连接

“强节点、强锚固”是对框架结构中的连接的具体要求。节点是框架梁、柱的公共部分，受力复杂，一旦发生破坏则难以修复。因此在抗震设计时，即使节点的相邻构件发生破坏，节点也应处于正常使用状态。框架梁、柱的整体连接，是通过纵向受力钢筋在节点锚固实现的，故抗震设计的纵向受力钢筋的锚固要求亦强于非抗震设计的锚固要求。

钢框架结构梁、柱的连接方式与钢筋混凝土框架结构不同。按梁与柱的连接形式，钢框架结构可分为半刚性框架与刚性框架。梁、柱通过焊接而连接成的为刚性钢框架，两者通过焊接与螺栓而连接成的为半刚性钢框架。地震区的建筑抗震设计的结构宜采用刚性连接。某些情况下，为加大结构的延性，或防止梁与柱连接焊缝的脆断，也可采取半刚性连接，但其外围框架一般采用刚性框架。

钢结构中的节点连接对结构承载性能有着重要影响。为了满足“小震不坏，大震不倒”的抗震设防要求，应按结构进入弹塑性阶段进行设计，节点连接的承载力应高于构件截面的承载力。

钢框架中梁与柱的连接宜采用柱贯通型，梁贯通型较少采用。在相互垂直的两个方向上都与梁刚性连接的柱，宜采用箱形截面。当仅在一个方向刚接时，宜采用工字形截面，并将柱腹板置于刚性连接框架截面内。梁与柱的连接宜采用刚性连接，也可根据需要采用半刚性连接。梁与柱刚性连接时，柱在梁翼缘上下各500mm的范围内，柱翼缘与柱腹板或箱形柱壁板间的连接焊缝应采用全熔透坡口焊接。

第三节　剪力墙结构

一、剪力墙体系

用钢筋混凝土剪力墙承担竖向荷载和抵抗水平力的结构称为剪力墙结构。现浇钢筋混凝土剪力墙结构的整体性好，抗侧刚度大且承载力大，在水平力作用下侧移小，经过合理设计，可设计成抗震性能好的钢筋混凝土延性剪力墙结构。历次大地震中，剪力墙结构破坏较少，表现出令人满意的抗震性能。但仅就延性而言，剪力墙结构不如框架结构。

钢筋混凝土剪力墙结构在我国应用十分广泛。剪力墙结构应用最多的是10～30层的高层住宅。

二、剪力墙结构的抗震设计

（一）结构的高度

对于剪力墙结构，根据建筑所在地区而确定的地震烈度为6度、7度、8度（0.2g）、8度（0.3g）和9度，剪力墙结构的最大适用高度分别为140m、120m、100m、80m和60m。

（二）结构的布置

剪力墙只能抵抗与墙在同一水平面内的侧向力，即侧向力不垂直于墙面。因此，剪力墙宜沿主轴方向或其他方向双向布置，抗震设计的剪力墙应避免单向布置。此外，剪力墙每片墙体都会承受轴向、平动以及扭转等位移，墙的布置应考虑到扭转效应。墙体对倾覆力矩、层间剪力、层间扭转的抵抗作用与该墙体的几何形状、方向以及在整个建筑平面中所处的位置有关。

剪力墙的布置还应注意平面和竖向的均匀性，较长的抗震墙宜开设洞口，或将一道抗震墙分为均匀的若干墙段。常用的剪力墙基本形状有开口式和封闭式。开口式有“一”形、“L”形、“I”形和“T”形等，封闭式有“□”形、“△”形和“○”形等。

剪力墙的墙肢长度沿结构的全高不宜突变，抗震墙有较大洞口时，洞口位置宜上下对齐，形成明确的墙肢与连梁，以保证结构受力合理、有良好的抗震性能。

（三）构件的截面

为满足抗震要求，对剪力墙的厚度需要进行限制，即抗震等级为一、二级时，墙厚不应小于160mm且不宜小于层高或无支长度的1/20；抗震等级为三、四级时，不应小于

140mm且不宜小于层高或无支长度的1/25。对于底部加强部位的墙厚，抗震等级为一、二级时不应小于200mm且不宜小于层高或无支长度的1/16，抗震等级为三、四级时不应小于160mm且不宜小于层高或无支长度的1/20。

为了保证剪力墙的延性，需要对在重力荷载代表值作用下的墙肢轴压比（指墙的轴压力设计值与墙的全截面面积和混凝土轴心抗压强度设计值乘积之比值）进行限制，即抗震等级为一级时，9度设防时该值不宜大于0.4，7.8度设防时该值不宜大于0.5；当抗震等级为二、三级时该值不宜大于0.6。

抗震墙竖向、横向分布钢筋的配筋，则应符合下列要求：一、二、三级抗震墙的竖向和横向分布钢筋最小配筋率均不应小于0.25%，四级抗震墙分布钢筋最小配筋率不应小于0.20%；部分框支抗震墙结构的落地抗震墙底部加强部位，竖向和横向分布钢筋配筋率均不应小于0.30%。

（四）结构的破坏模式

剪力墙墙肢底部设计须考虑“强剪弱弯”的原则，计算中应对其剪力设计值通过增强系数予以增大。对于9度设防烈度的剪力墙肢，要求按底部截面纵向钢筋实际配置情况确定剪力的增大幅度。

抗震墙开洞后，若形成跨高比小于5的梁，应按连梁进行设计；若跨高比不小于5，宜按框架梁进行设计。在小震和风荷载作用的正常使用极限状态下，连梁有联系墙肢、加大剪力墙刚度的作用，不能出现裂缝。在中震作用下，连梁应当首先出现弯曲屈服，以耗散地震能量。在大震作用下，允许其发生剪切破坏。

连梁设计是剪力墙抗震设计的重要环节。连梁设计时，应按“强剪弱弯”原则设计，尽量避免剪切破坏。在设计计算时，应对连梁的剪力设计值进行增大调整；应控制连梁的截面尺寸，提高连梁的延性，主要是控制连梁的剪压比，其次是多配箍筋。其中，剪压比是主要因素，箍筋的作用是限制裂缝开展，推迟混凝土的破碎和连梁的破坏。因此，规范对连梁的截面尺寸提出了剪压比的要求。

剪力墙在水平荷载作用下，其连梁内通常会产生很大的剪力和弯矩。由于连梁的宽度较小（通常与墙厚相同），这使得连梁的截面尺寸和配筋往往难以满足设计要求，即存在剪压比不满足要求，纵向受拉钢筋超筋，斜截面受剪承载力不满足要求等问题。若连梁不满足剪压比的限制要求时，可以减小连梁截面高度，将抗震设计中的剪力墙中连梁的弯矩及剪力进行适当的塑性调幅，还可以根据规范要求加强连梁的配筋。

对于连梁的配筋，则要求连梁顶面、底面纵向受力钢筋深入墙内的锚固长度不应小于最小锚固长度。抗震设计时，沿连梁全长箍筋的构造应按框架梁梁端加密区箍筋的构造要求采用；非抗震设计时，沿连梁全长的箍筋直径不应小于6mm，间距不应大于150mm。顶层连梁纵向钢筋伸入墙体的长度范围内，应配置间距不大于150mm的构造箍筋，箍筋直径应与该连梁的箍筋直径相同。墙体水平分布钢筋应作为连梁的腰筋在连梁范围内拉通连续配置；当连梁截面高度大于700mm时，其两侧面沿梁高范围设置的纵向构造钢筋（腰筋）的直径不应小于10mm，间距不应大于200mm；对跨高比不大于2.5的连梁，梁两侧的纵向构造钢筋（腰筋）的面积配筋率不应小于0.3%。

第四节　框架–剪力墙结构

一、框架–剪力墙结构体系

框架–剪力墙结构是指在框架纵横方向的适当位置，在柱与柱之间设置若干道钢筋混凝土剪力墙所构成的结构体系。由于剪力墙在水平荷载作用下，如同下端固定、上端自由的悬臂梁，其变形为弯曲型，上部侧移比下部侧移增加得快。而框架结构在水平荷载作用下类似竖向悬臂剪切梁，其变形曲线为剪切型，上部位移比下部位移增加慢。将框架与剪力墙结合在一起的框架–剪力墙结构，既有框架又有剪力墙，既有剪切变形又有弯曲变形。

框架–剪力墙结构体系适合于建造高层建筑，是多、高层建筑中使用最为广泛的一种体系。当建造高度为20～30层的建筑时，剪力墙可以在两个方向布置而形成筒体，也可布置少量单片剪力墙，比较灵活。当建造高度增大至40～50层甚至更高时，剪力墙做成筒体更为有效，用多筒体或剪力墙与筒体结合常常可以满足建筑平面为各种几何形状的要求，也容易满足平面布置刚度均匀的要求。框架–剪力墙结构兼有框架结构布置灵活、延性好的优点和剪力墙刚度大、承载力大的优点。

框架–剪力墙结构中，框架为主要抗侧力体系，剪力墙作为辅助框架抗侧力不足的结构体系，因此剪力墙的布置数量要适当。若剪力墙布置得太少，将会导致框架负担太重，不仅框架截面和配筋过多，而且房屋的变形尺寸也大。若剪力墙布置得过多，则剪力墙的潜力得不到充分利用导致浪费。根据工程经验，剪力墙截面面积为楼面面积的2%～4%为宜。

二、框架–剪力墙结构的抗震设计

（一）结构的高度

对于框架–剪力墙结构，根据建筑所在地区而确定的地震烈度为6度、7度、8度

（0.2g）、8度（0.3g）和9度，框架-剪力墙结构的最大适用高度分别为130m、120m、100m、80m和50m。

（二）结构的布置

框架-剪力墙结构应设计成双向抗侧力体系。抗震设计时，结构两主轴方向均应布置剪力墙。框架-剪力墙结构布置主要有两种不同的组合方式。

1.柱网和剪力墙正交布置

正交布置适用于房屋平面形状有矩形单元正交组合的情况，具体形式有一字形、L形、H形等。根据房屋纵、横轴线方向是否设置剪力墙，又可分为以下两种。

（1）横向设置剪力墙

横向设置剪力墙时，房屋的横向刚度由刚接框架和剪力墙共同保证，纵向刚度仅由框架来保证。一般房屋由于横向较短，纵向较长，为了提高横向刚度，非抗震设计时多采用横向布置。把房屋的山墙和楼梯间、电梯间墙或内墙做成现浇钢筋混凝土剪力墙。

（2）纵、横向均布置剪力墙

在这种布置方式中，房屋的纵、横向刚度均由刚接框架和剪力墙共同保证。由于剪力墙双向布置，应尽可能把两个方向的剪力墙组合在一起，构成T形、O形等。在抗震设防区，一般采用纵、横向均设置剪力墙的布置，另外结构横向刚度都较差时，也常采用双向布置。

2.柱网和剪力墙不规则布置

当房屋平面形状任意时，剪力墙和柱网不能采用正交布置，可采用建筑平面形状不规则时的柱网和剪力墙的布置方式。

（三）构件的截面

抗震墙的厚度不应小于160mm且不宜小于层高的1/20，底部加强部位的抗震墙厚度不应小于200mm且不宜小于层高的1/16。抗震墙的竖向和横向分布钢筋，配筋率均不应小于0.25%，钢筋直径不宜小于10mm，间距不宜大于300mm，并应双排布置，双排分布钢筋间应设置拉筋。

楼面梁与抗震墙平面外连接时，不宜支承在洞口连梁上。沿梁轴线方向宜设置与梁连接的抗震墙，梁的纵筋应锚固在墙内，也可在支承梁的位置设置扶壁柱或暗柱，并应按计算确定其截面尺寸和配筋。框架-剪力墙结构中的剪力墙应满足剪力墙结构中对剪力墙的配筋要求与构造要求。

（四）结构的破坏模式

在整个结构工作中，变形通过水平刚度很大的楼板来协调一致。变形协调后的框架-剪力墙结构的变形曲线，上部位移较框架大而小于剪力墙，下部位移大于剪力墙而小于框架，二者之间产生相互作用。在上部楼层，框架阻止剪力墙位移，框架承担的水平力加大。而在下部楼层，剪力墙阻止框架位移，剪力墙承受了较多的水平力，对框架有利，从而使框架截面不再会因房屋高度的增加而加大很多。因此，框架-剪力墙结构受力十分合理，经济效果也优于框架结构和剪力墙结构，且构件上下受力相差较小，便于设计成统一的截面，有利于建筑施工的工业化。

在地震荷载作用下，房屋倒塌最直接的原因是承重构件竖向承载力下降到低于重力荷载的能力。在有多重防线的结构中，充当第一道防线的构件即使有损坏，也不会对整个结构的竖向构件承载力有很大影响。如果利用轴压比较大的框架柱充当第一道防线，框架柱在侧向力作用下损坏后，竖向承载力就会大幅度下降，当下降到低于承担的重力荷载时，就会危及整个结构的安全。在框架-剪力墙结构中，利用剪力墙结构作为结构的第一道防线，需要比一般的剪力墙有所加强，以保证整体结构在地震作用下的安全。

考虑平面形状或刚度变化在地震荷载等水平力作用下会产生不利的内力，横向剪力墙宜布置在靠近房屋区段的两端，可以有效增加整个结构的抗扭刚度，承担由地震作用等水平力产生的弯矩。楼、电梯间等竖井因楼板中断会造成刚度变化，宜尽量与靠近的抗侧力结构结合布置。

纵向剪力墙不宜集中布置在房屋的两端。纵向剪力墙如布置在较长房屋的两端且相距较远，并进行温度应力计算时，应采取施工缝等措施，以减少温度应力和收缩应力。

从剪力墙布置的数量来看，过多地布置剪力墙是不必要的，因为框架-剪力墙体系中，框架主要承担竖向荷载。通常情况下，只有20%左右的水平荷载由框架承担。因此，过多地布置剪力墙，并不能减少框架的受力，只能增加剪力墙的用料。

为保证楼板有足够的水平刚度，剪力墙间距不宜过大。否则在水平荷载作用下，楼板会在自身平面内发生弯曲变形和剪切变形，使框架承担的实际荷载比计算的大。

第五节　筒体结构

与剪力墙结构或框架结构相比，当有效地将材料用在外围时，可以获得最大的抗弯力臂，将外墙连接起来形成筒状结构，自然就成为一个筒体结构体系。筒体结构使建筑物具有更大的承载力及刚度，超出30或40层的高层建筑最好采用筒体结构抵抗侧向力。筒可以是矩形的、圆形的或其他规则形状的，在外墙上可以开圆形或矩形的窗洞，可以采用较为灵活的外平面布置方式。应当注意，当框筒像一个支承在基础上的竖直的悬臂梁那样弯曲时，框架局部弯曲将在柱间造成很大的剪力滞后，此时应变分布就不符合直线关系，即平截面假定不再适用。

筒中筒概念提供了另一种很好的设计方案，此种结构外筒的截面宽度较大，可以非常有效地抵抗倾覆力，但是在筒上开洞会降低它的抗剪能力，特别在下面几层。另外，由于内筒开洞少，可以较好地抵抗层间剪力，但是与外筒相比，内筒相对细高，其抵抗倾覆的能力并不强。在实际工程中，则应根据实际工程的使用要求、技术条件等因素，选择合适的结构形式。

一、筒体结构体系

筒体结构体系因其具有较大的刚度，较强的抗侧移能力，能形成较大的使用空间，对于超高层建筑是一种经济有效的结构形式。根据筒体的布置、组成、数量的不同，筒体结构体系可分为框架–核心筒体系和筒中筒体系。

当框架布置在周边且筒体布置在中间时，称为框架–核心筒体系。它是框架–剪力墙结构的一种特例，因为其外框架柱间距较大，柱数量一般不多，有时会很少，剪力墙组成的核心筒成为抵抗水平力的主要构件，实际上框架–核心筒结构的受力特点和框架–剪力墙结构相同，并与框架–剪力墙结构一样，具有协同工作的优点。

如果采用大截面框架柱，框架–核心筒结构的外框架柱间距可达8～9m，甚至更大，而且布置方式较为灵活，因而允许有较大的窗户，建筑立面多变，可获得较好的外观。若采用无黏结预应力楼板等形式时，外框架与核心筒之间的距离可达10m以上，使用空间大而灵活，采光条件好。因此，框架–核心筒体系是高层公共建筑和办公用房的理想选择。在高度较大时可以设置伸臂，成为框架–核心筒–伸臂结构。框架–核心筒结构已成为近年来高层建筑，特别是超高层建筑中应用较为广泛的一种结构。

从材料的组成来看，框架–核心筒结构的外框架和内筒可以使用相同的材料，如外框架和内筒都采用钢筋混凝土结构。钢结构内筒一般都做成支撑结构，将支撑框架围成筒体，使其刚度大于外框架，形成框架与支撑内筒的协同工作。框架–核心筒还可采用混合结构，当外框架采用钢框架和组合框架时，称为混合结构。此时，需注意保证钢框架有足够的刚度，使其能与核心筒协同工作而形成对抵抗地震力有利的双重抗侧力体系。

筒中筒体系，是由内外设置的几个筒体，通过楼盖系统连接组成共同工作的结构体系，由密柱深梁框架布置在建筑周围组成框筒，由梁、柱和斜支撑形成桁架，并由数片带有斜杆的桁架布置在建筑周围形成桁架筒。

筒中筒结构一般由外筒及内筒组成，外筒为框筒和桁架筒。钢筋混凝土结构的内筒可以采用剪力墙围成的实腹筒，钢结构则采用内钢桁架筒或内框架筒。内筒可设置竖向交通井以及竖向管道井，内筒加强了结构的刚度，因而筒中筒结构的抗侧刚度和抗扭刚度更大，适用于更高层的建筑。内外筒之间一般不设柱，它与框架-核心筒结构平面形式相似，但从受力分析来看，它们有较大区别，前者外围是筒体（框筒或桁架筒），后者一般为框架。

建筑布置时，一般把楼梯间、电梯间等服务性设施全部设置在核心筒内，而在内外筒之间则提供了环形的开阔空间，可满足建筑上自由分隔、灵活布置的要求。因此，筒中筒结构常被用于50层以上高层建筑，但由于其平面形式呆板、柱距较小，近年来较少使用。

二、筒体结构的抗震设计

筒体结构中的框架-核心筒体系和筒中筒体系的组成形式不同，当结构高度增加时，抗震性能会受到影响，故在不同抗震设防要求的情况下，结构的最大适用高度不同。

框架脚力墙结构的核心筒、筒中筒结构中的内筒都是由剪力墙组成的，也都是结构主要的抗侧力构件，是抵抗地震荷载作用的第一道防线，其抗震构造措施要满足剪力墙的最小厚度、钢筋配置、轴压比限值等方面的要求，使筒体具有足够大的抗震能力。框架-核心筒结构的框架较弱，宜加强核心筒的抗震能力；核心筒连梁的跨高比一般比较小，墙的整体结构较强。因此核心筒角部的抗震构造措施应予以加强。

框架核心筒中的框架应承担一定的剪力，应满足承受地震剪力的规定，以避免外框架太弱。核心筒与框架之间的楼盖宜采用梁板体系；部分楼层采用平板体系时应有加强措施。除加强层及其相邻上下层外，按框架-核心筒计算分析的框架部分各层地震剪力的最大值不宜小于结构底部总地震剪力的10%。当小于10%时，核心筒墙体的地震剪力应适当提高，边缘构件的抗震构造措施应适当加强；任意一层框架部分承担的地震剪力不应小于结构底部总地震剪力的15%。

在布置框架-核心筒结构时，核心筒或内筒的外墙与外框架柱间的中距，非抗震设计大于12m，抗震设计大于10m，宜采取另设内柱等措施。核心筒宜贯通建筑物全高。核心筒的宽度不宜小于筒体总高的1/12，当筒体结构设置角筒、剪力墙或增强结构整体刚度的构件时，核心筒的宽度可适当减少。核心筒外墙的截面厚度不应小于层高的1/20或200mm，对一、二级抗震设计的底部加强部位不宜小于层高的1/16或200mm。框架-核心筒结构周边柱间必须设置框架梁。

筒中筒结构的布置应满足内筒和外筒之间的距离不大于12m的要求。当内外筒之间的距离较大时，可另设柱子作为楼面梁的支点，以减小楼盖结构的跨度。一般来说，内筒的边长为外筒相应边长的1/3为宜。内筒宜贯通建筑物全高，竖向刚度宜均匀变化。外筒柱宜用矩形或T形截面，长边位于外筒平面内。

第六节 单层工业厂房

工业建筑是指从事各类工业生产以及直接为生产服务的房屋，直接从事生产的房屋包括主要生产房屋、辅助生产房屋，这些常被称为厂房。工业建筑按照厂房的层数可以分为单层厂房、多层厂房和层数混合的厂房。

单层厂房是工业建筑中最普通的一种形式，主要用于跨度大、高度大、吊车吨位大的重型厂房及大型厂房，如炼钢车间、轧钢车间等大型冶金厂房，大型电机装配车间等重型机械制造厂房，以及大型造船厂、火力发电厂房、飞机制造车间等，也可以应用于一般厂房、仓库、超市、展览厅等。

单层厂房在这些工业建筑中的使用，决定了单层厂房首先要满足生产工艺的要求。另外厂房的内部空间大，骨架承载力大，多数的工业厂房采用钢筋混凝土骨架承重，特别高大的厂房或者有重型吊车或高温车间需要采用钢骨架承重，建筑构造复杂、技术管线多的厂房，要设置天窗及排水系统，还要有固定安装措施。

一、单层厂房的组成及受力特点

排架结构是目前单层厂房中最基本、最普遍的结构形式。它的主要特点是把屋架看成一根刚度很大的横梁，屋架与柱子的连接为铰接，柱子与基础是刚接。排架的优点是其有一定的刚度和抗震能力，特别是当厂房平面布置规整、体形等高齐平，使得刚度充分协调时，它的抗震性能可以大大提高。同时排架结构的构件为分开制作，然后装配而成的，有利于设计的标准化、构件的工业化和施工的机械化。

排架结构可以由一种材料或者多种材料组成，常见的有几种类型：装配式钢筋混凝土排架结构，这种结构是单层厂房中应用最广泛的一种，但其自重大、抗震性能不如钢结构；钢屋架与钢筋混凝土柱组成的排架，其屋面荷载降低、跨度较大，适用于大型厂房；砖石混合结构排架，这种结构构造简单，但承载能力及抗震性能较差；钢结构排架，这种结构的优点是抗震性能以及抗振动性能好，较钢筋混凝土结构自重轻、施工速度快，缺点是钢结构易腐蚀、耐火性差，使用时应该采取防腐防锈等措施。

钢架结构的主要特点是屋架与柱在连接处为刚接，柱与基础可设计为铰接或刚接。钢架结构有三种形式：装配式钢筋混凝土门式钢架结构，优点是构件种类少、制作简单、室内空间宽敞，一般比钢筋混凝土排架结构经济性好；钢架结构，主要承重构件全部用钢材做成，这种结构抗震性能好、自重轻、承载能力大、刚度大、施工速度快，但耗钢量大，钢结构也易锈蚀、耐火性较差，使用时应该采取相应的防护措施；板架合一结构，即屋面板与梁合为一体，常见结构形式有双T板、单T板、V形板等。

钢筋混凝土单层工业厂房，通常由屋盖结构、吊车梁、排架柱、围护结构和基础组成，并相互连接成整体。

屋盖结构的主要作用是维护和承重，以及采光和通风等，一般由屋面板、屋架或屋面梁（包括屋盖支撑）组成，有时还设有天窗架、托架等。

吊车梁主要承受吊车传来的荷载，并将这些荷载传给排架柱。排架柱是排架结构工业厂房中最主要的受力构件，承受由屋架、吊车梁、外墙、支撑等传来的荷载，并将它们传给基础。

围护结构由外墙、联系梁、抗风柱及基础梁等构件组成。支撑包括屋盖支撑和柱间支撑，其主要作用是增加工业厂房结构的空间刚度和整体性，保证结构构件的稳定和安全，把风荷载、吊车水平荷载等传递到主要承重构件上。基础承受排架柱和基础梁传来的荷载并将它们传至地基。

二、结构布置的一般原则

依据概念设计的基本思想，结构良好的抗震性能首先取决于良好的结构体系及合理的结构布置。以下阐述单层钢筋混凝土厂房结构在结构布置中应注意的一般问题。

（一）体形与抗震缝

单层厂房的平面布置应注意体形简单、规则，各部分结构刚度、质量均匀对称，尽量避免体形曲折复杂，凹凸变化，尽可能选用长方形平面体形。当生产工艺确有必要采用较复杂的平面布置时，应用抗震缝将其分成体形简单的独立单元。

厂房的竖向布置，体形也应简单，尽可能避免局部突出和设置高低跨。当高低跨的高差不大时（如钢筋混凝土多跨厂房高差小于2m），宜做成等高，否则应考虑高振型的影响。

厂房的毗连房屋沿厂房纵墙或山墙布置，而不宜布置在厂房角部和紧邻抗震缝处。对结构复杂的厂房，在侧向刚度或高差变化很大的部位，以及沿厂房侧边有贴建房屋时，宜设抗震缝。抗震缝的两侧应布置墙或柱。抗震缝的宽度按烈度和结构相邻部分可能产生的侧向位移确定。在厂房纵横跨交接处、大柱网厂房或不设柱间支撑的厂房，缝宽可采用100～150mm，其他情况可采用50～90mm；沉降缝和温度缝的宽度，均应符合抗震缝的要求。

两个主厂房之间的过渡跨，至少应有一侧采用抗震缝与主厂房脱开。厂房内上吊车的铁梯不应靠近抗震缝设置；多跨厂房各跨上吊车的铁梯不宜设置在同一横向轴线附近。厂房内工作平台宜与厂房主体结构脱开。

厂房的同一结构单元内，不应采用不同的结构形式；厂房端部应设屋架，不应采用山墙承重；厂房单元内不应采用横墙和排架混合承重。厂房各柱列的侧移刚度宜均匀，厂房的围护墙沿纵向宜均匀对称布置。砌体隔墙与柱宜脱开或采用柔性连接，并应采取措施确保墙体稳定，隔墙顶部应设置现浇钢筋混凝土压顶梁。

（二）屋盖体系

屋盖体系应尽可能选用轻屋盖，减轻屋盖重量就能减小地震作用，从而减轻支撑体系、连接构造以及承重结构构件在地震时造成的破坏。

屋盖体系一般可采用重心较低的预应力混凝土、钢筋混凝土屋架；跨度不大于15m时可采用钢筋混凝土屋面梁；跨度大于24m，或8度Ⅲ、Ⅳ类场地和9度时应优先采用钢屋架；柱距为12m时，可采用预应力混凝土托架或托梁；当采用钢屋架时，亦可采用钢托架或托梁。

条件允许时可采用石棉瓦、瓦楞铁、冷轧轻钢檩条、V形折板等轻屋盖结构。但应注意，有檩屋盖的檩条必须与屋架（屋面梁）焊牢，并应有足够的支承长度，檩条上的瓦必须与檩条拉牢。当采用无檩屋盖时，屋面构件应连成整体，大型屋面板与屋架（屋面梁）之间至少要有三个角与屋架有可靠焊接，也可采用四个角都与屋架焊接的切角构造，在屋面板吊装就位后，用短钢筋沿垂直屋架方向将相邻屋面板上的吊钩焊接，或者采用装配整体式屋面板接头等。

（三）天窗架

突出屋面的天窗架，地震时位移反应较大。特别是在纵向地震作用下，由于高振型的影响往往造成天窗架与支撑的破坏，对屋盖和厂房抗震不利。为了保证天窗和整个厂房的安全，必须减轻天窗屋盖的重量及地震反应，故在天窗的选型上最好采用钢天窗架和轻型屋面板材。

在6～8度地区可以采用钢筋混凝土天窗架，但杆件截面应取矩形。9度时，可采用重心低的下沉式天窗，因为此类天窗抗震性能较好。在有条件的地区可尽量推广使用横向天窗、井式天窗和采光罩。8度和9度时，天窗架宜从厂房单元端部第三柱间开始设置。天窗屋盖、端壁板和侧板，宜采用轻型板材。为了减小天窗侧板刚度对天窗变形的影响，不致在天窗立柱连接处形成刚性节点而产生应力集中，天窗架两侧的侧板或下挡与天窗立柱的连接宜采用螺栓连接。

（四）柱

对于一般单层厂房或较高大的厂房均可以采用钢筋混凝土柱。一般情况下，按抗震要求设计的钢筋混凝土柱，具有足够的抗震能力，震区实践也证明了这一点。

设计柱时，应提高其延性，使其在进入弹塑性工作阶段后仍具有足够的变形能力和承载力。确定柱截面时，要选取合适的刚度，过大的抗侧刚度对厂房抗震并不一定有利，相反会引起厂房横向周期的缩短而导致地震荷载的增大。

在8~9度地区，宜采用矩形、工字形截面柱或斜腹杆双肢柱，不宜采用薄壁开孔或预制腹板的工字形柱、平腹杆双肢柱以及管柱，因为这些形式的柱抗剪能力较差，震害较重。此外，柱底至室内地坪以上50mm范围内和阶形柱的上柱也宜采用矩形截面。

（五）围护墙体

钢筋混凝土单层厂房的围护结构，常采用砖墙或大型墙板方案。震害表明，厂房的外围砖墙在地震后普遍开裂，有的连同圈梁大面积倒塌，而大型墙板厂房则震害较轻，或震后基本完好。所以在有条件时，围护墙宜优先选用大型墙板或其他轻质板材。

当厂房外侧柱距为12m时，应采用轻质墙板或钢筋混凝土大型墙板。厂房高低跨处的封墙和厂房纵横向交接处的悬墙，宜采用轻质墙板。当高低跨处封墙采用砌体时，不应直接砌在低跨屋盖上。厂房砌体围护墙宜采用外贴式。

第三章

建筑工程项目合同管理

第一节　合同的法律基础

一、合同相关法律体系

（一）必须适用法

《中华人民共和国民法典》等。

（二）原建设部与原国家工商行政管理局联合颁发

《建设工程施工合同（示范文本）》《建设工程勘察合同（示范文本）》《建设工程设计合同（示范文本）》等，这些建设工程合同涉及建设工程勘察、设计以及委托监理等诸多方面，虽然示范文本不属于法律法规，只是推荐使用文本，对当事人并没有强制性法律效力，但对降低合同争议发生概率，完善合同管理起到了巨大的推动作用。

（三）建设工程合同管理任务

①发展与完善建筑市场。②推进建筑领域的改革，我国建筑领域当前推行的项目法人制、投标招标制、合同管理制以及工程监理制，这些制度改革的关键是合同管理制。③提高工程建设的管理水平。④预防与降低建筑领域中经济违法与犯罪。

（四）建设工程合同管理方法

①严格执行合同管理法律法规。②普及相关法律知识，培养合同管理人才。③设置合同管理机构，配置相关管理人员。④构建合同管理目标制度。⑤执行合同示范文本制度。

二、合同的法律关系

（一）合同的法律关系

合同的法律关系指的是由合同法律规范调整的在民事流转过程中形成的权利义务关系。和其他所有的法律关系相同，合同的法律关系也主要由以下三部分构成。

1.主体

不论是哪种合同，主体都是合同的双方当事人，他们必须按照合同中所规定的各项权利和义务、责任履行合同。

2.客体

客体指的是合同主体之间共同目标的载体对象，比如施工合同中的客体就是代建工程项目。

3.内容

合同的内容是为了双方能够顺利地履行合同，以更好地实现合同双方当事人的共同目标而规定的合同主体的权利、义务、责任的具体内容。

（二）合同的基本原则和形式

根据《中华人民共和国民法典》（以下简称民法典）的规定，对于合同的调整范围、基本原则、合同形式、合同纠纷处理等都做出了详细的规定。建设工程的合同也属于合同当中的一种，所以在签订时，肯定也是要遵循民法典的相关规定，当然，在民法典中的相关内容还是比较多的，现在我们主要对合同的基本原则和形式进行介绍：合同的形式主要有三种，分别是书面形式、口头形式和其他形式。但不管是哪种形式的合同，都是具有法律效力的。但就建设工程合同来说，因为所涉及的资金数额巨大，是一种重要的经济合同，所以必须采取书面形式来做出约束，这在我国的民法典中是有明确规定的。

第二节　合同的法律概述

一、建设工程合同作用

建设工程合同也可以叫作建设工程承发包合同，指的是由承包人进行工程建设、发包人支付价款的协议，在这个协议当中，会对双方的权利和义务做出详细明确的规定和说明。按照合同的约定，施工单位在完成发包人交给的建设任务之后，发包一方要按照规定向承包方提供必要的施工条件并支付相应的工程价款。建设工程合同是承包人进行工程施工建设，发包人支付价款的合同，是在建设工程体系实施的一系列过程中最主要的合同依据，同时也是建设工程建设质量控制、进度控制和投资控制的主要依据。建设工程合同的当事人是发包方和承包方，双方的关系是平等的民事主体。

二、建设工程合同种类

依据民法典中的规定，建设工程合同主要有三种：包括建设工程勘察合同、建设工程设计合同、建设工程施工合同。

（一）建设工程勘察合同

建设工程勘察合同指的是承包方进行工程勘察，发包人支付价款的合同。建设工程的勘察单位就称为承包方，建设单位或者有关的单位称为发包方，也叫作委托方。

建设工程勘察合同是为了建设工程的需要而做的一系列的勘察结果。在建设工程中，工程勘察是首要的环节，是为了保证工程质量而做的最基础的一个环节。通常情况下，勘察合同的承包方必须是国家或者省级主管单位批准，持有《勘察许可证》，具有法人资格的勘察单位。

勘察合同的签订必须符合国家相关的法律程序，由建设单位或者有关单位提出委托，在和勘察部门协商，双方有了一致的意见之后，才能签订。不管合同签订的环境如何、双方身份如何，只要是违反国家相关建设规定程序的勘察合同都是无效的。

（二）建设工程设计合同

建设工程设计合同是承包方进行工程设计，委托方支付价款的合同。建设单位和有关单位是委托方，建设工程的设计单位是承包方。

设计合同是为了建设工程的需要而做的设计成果。这是建设工程中的第二个环节，同样是保证建设工程质量的重要部分。工程设计合同的承包方必须是国家或省级主要机关批准的，持有《设计许可证》的，具有法人资格的设计单位。只有具备上级批准的设计任务书，设计合同才能签订；如果是小型的建设工程，必须具有上级机关批准的文件才能签订；如果是单独委托施工图设计任务，也需要具有相关部门批准的初步设计文件才能成立。

（三）建设工程施工合同

建设工程施工合同是工程建设单位和施工单位之间签订的合同。通俗一点来说，也就是发包方和承包方共同为了工程建设，明确双方的权利和义务而签订的协议。施工合同的发包方可以是法人，也可以是依法成立的其他组织或普通公民，而承包方必须是法人。

第三节　合同的订立与效力

根据我国民法典中的规定，在“承诺生效时合同成立”。承诺从承诺通知书送达要约人时生效，这个时候就可以认定双方签订的合同是双方意愿的达成，同时合同成立，但是这种规定一般只针对诺成性不要式合同，对于实践性的一些合同，比如借用和保管合同，双方当事人达成合同订立的意愿的时间并不是合同成立的时间，而是要在双方按照合同的约定交付标的物之后，合同才成立和生效。建设工程合同是诺成、要式合同，在承诺到达要约人时合同并没有成立，还需要具备法定和约定的形式要件，才能说明合同成立。法定的形式要件主要指的是必须采用书面形式订立，而建设工程合同也必须采用书面形式，为此，我国相关法律规定的是建设工程合同生效和成立的时间是承包人和发包人在合同书上签字的时间。当然前提一定是合同主体适格，并且不存在无效或可撤销的条款。

一、建设施工合同的成立要素

（一）主体要素

在建设工合同施过程中签订的合同主要有发包合同、分包合同和转包合同三种。发包合同是发包人和承包人签订的，是由承包人按照合同的约定进行工程建设、工程竣工验收合格后的发包人交付建设项目，而发包人要按照合同约定支付工程款，所以合同的主体主要是发包人和承包人，并且必须是具备完全民事行为能力的人，同时根据我国建筑法的规定，承包人还必须具备相应的资质等级，对于发包人的资质要求目前我国相关法律中还没有做出特别的限制，主要的原因是在工程项目建设中，作为建设单位的甲方只是出钱的一方，建设单位通过招投标程序把工程分包给施工单位，整个项目的建设实际是由乙方的施工单位来完成的，所以工程质量的好坏是取决于施工单位的技术水平，而和建设单位的技术水平没有多大关系，对工程的监督和验收工作也通常是由建设单位委托的监理单位来完成，也就是说建设单位的资质高低对于工程质量的好坏不会产生什么大的影响。

建设工程合同的签订主体一定是法人组织，不能是自然人，由自然人直接订立的有关房屋建设的合同只能算是承揽合同。作为发包人一方也只能是法定程序批准成立的建设单位。对于承包人的资质，我国法律是有着明确和严格的规定的，工程的承包方必须具备相应的资质等级，不得超越资质等级从事相关的建筑活动。

众所周知，建设工程一般都是大项目，除了房屋本身需要建设以外，与其相配套的相关的附属设施的建设，比如线路、管道的安装等也是建设工程的建设项目，只是和房屋建设相比，所需要的资质不同。建设工程合同中，承包人也一定是法定程序规定下的法人，在民法典中对于法人的营业范围做出了相关的规定，法人在从事经营活动时，只能从事其登记的经营范围，如果在建设工程合同中，出现承包人超越资质而承包工程的，这个合同被认定为无效。建设合同中对于主体要素除了法律上有规定以外，合同主体在主观上也要符合法律的规定，也就是说签订的建设工程合同是合同主体的主观表示，是自愿建立这种合同关系的，是合同双方主体真实意思的表示。

（二）客体要素

根据我国民法典中的规定可以知道民事法律关系的客体指的是作为民事法律关系内容的权利义务所指向的对象。在建设工程合同中，合同成立就说明发包方和承包方之间就工程的建设事项形成了债的关系，所以建设工程合同的客体也是“给付行为”，具体一点说，就是发包人根据双方订立的建设合同的具体约定，要求承包方完成工程建设的任务，承包人在完成建设工程任务之后交付完成的工作成果。也有一些观点认为，建设工程合同中的客体应该是“建设工程”本身，确切来说，这是不准确的，这种观点把建设合同的标的物和建设合同的客体进行了混淆，根据相关法律的规定，民事法律关系的客体是权利和义务所指向的对象，而承包人和发包人签订的建设合同的后果是承包人必须按照合同的约定完成建设施工任务，发包人待工程竣工验收合格之后，要按照合同的约定完成支付工程价款的行为，建设工程本身是合同的标的物，是行为的承受者，并不是合同设定的权利义务所指向的对象，所以“物-建设工程”都是建设工程合同的客体。

（三）内容要素

众所周知，法律行为的内容要素主要指的是该行为所产生的权利义务关系，将其具体到建设工程合同当中所发生的一些民事法律行为的内容，就是承包人要按照合同的约定完成工程建设的任务，并有权要求发包人支付工程价款，发包人也有权要求承包人按照合同的约定完成施工建设并且要支付工程价款。在这些权利义务关系的形成上要具备一定的形式要求，建设工程合同的客观要件，主要表现在合同的成立要符合一定的形式要求。由于建设工程项目一般都很复杂和庞大，建设工期也比较长，涉及的事项也很多，所以导致在合同的履行过程中很容易会发生纠纷，为此，我国相关法律中规定，建设工程的合同必须采用书面的形式订立，而且一定要经过严格的招标投标程序。

我国的民法典中规定：当事人之间在订立合同时，可以根据双方达成的合意约定合同的形式。对于合同是采取书面形式、口头形式或者是其他形式，法律中并没有给出更加强制性的规定。因为民法是私法，是以保护当事人的意思自由为目标的，但同时，法律也对某些合同的形式做出了特别的规定，在这种情况下，就需要按照法律的特别规定来订立合同。虽然法律对这种要式合同的订立给出了特别的要求，但因为法定的或者双方当事人约定的形式要件的具备都有一定的随意性和任意性，所以虽然受要约人愿意订立合同的承诺已经生效，但也不能强迫对方形成约定的形式，并且由于合同形式要件没有具备，就意味着合同其实还没有生效，当然也就不会产生合同上的权利和义务，所以在有一些问题时，就不能要求对方承担违约责任，但是如果拒绝形成法定或者约定的形式要件的一方当事人，违反了我国民法当中的合同签订的诚实守信的原则，就使得对方的信任利益遭受到损失，则应该承担缔约过失责任，民法典的这种有关形式要件形成方式的规定，同样在建设工程合同中也是适用的，更为具体的内容我们可以从招投标法和建筑法以及民法典当中有关于建设工程合同的相关立法目的来分析。

这些法律是在建设行业不断发展的情况下出台的，设立和实施这些法律的目的不仅仅是规范在建设工程当中的各种实际行为，更为重要的是要保障建设工程顺利地开展，以维护社会大众的共同利益和保证社会公共秩序的持续稳定。比如建设工程其实包含的内容是很多的，有建筑施工类的工程、市政的建设工程、装饰装修类的工程以及一些基础工程等。虽然都是建设类的工程，但不同的工程类别，对于技术方面的要求也不尽相同，可能会出现施工单位在投标前进行成本测算的过程中，对于自己的施工技术预估错误，导致参与了投标并且和发包方达成了一致，但在签订书面合同之前，承包方及时发现了制作标书过程中出现的错误，自己却没有能力按照发包方的要求按时并且保质保量地完成工程的建设，并且拒绝签署合同，这种情况下，就算是发包方和承包方已经达成了合作意向，也不能要求承包方形成约定的形式，因为承包方会拒绝签署合同，这是因为知道自己目前不能够完全保证工程建设的质量，那么就应该由真正有相关资质和技术的施工单位来完成，而这也是为了大多数人的利益考虑。另外，虽然由于承包方的临时变化导致了发包方需要重新进行招投标程序，但从长远来看，这也不失为一种及时止损的办法，因为这对于大多数人来说，是有利的。

按照民法典中的相关规定，对于要式合同，法定的或者约定的形式要件具备时合同就成立。但民法典中也规定了如果当事人约定或者法律法规规定了合同必须采取书面的形式，但是在双方当事人达成一致的意向之后，一方履行了主要的义务，而另一方也接受了，虽然形式要件还没有完全具备，但合同也是成立的。这个规定同样也适用于建设工程合同当中。在建设工程合同的实际签订过程中，以口头形式订立建设工程合同的情况是确实存在的，比如在劳务分包过程中，承包人把工程的非主体部分分包给了劳务分包单位，因为工程量和涉及的资金数额比较小，就没有签订书面合同，只是以口头的形式达成了双方一致意见，那么当分包单位完成了工作任务并且交付完毕之后，自然是要向施工单位讨要工程价款的，但因为当时没有签订书面等形式的协议或合同，就容易出现一些纠纷。这个时候的这种纠纷，人民法院会按照实际施工人所提供的各种证明作为证据，来说明工程已经施工完成，会判决施工单位按照口头约定支付给实际施工人以及承包人相应的工程价款，这也是符合民法的公平原则的。

不可否认，在建设工程的实际领域中，也存在“黑白合同”的现象，当事人就同一个建设工程另行签订的建设工程合同和经过备案的中标合同实质性内容不一致的，应该以备案中的中标合同作为结算工程价款的根据。按照这个规定的说法，在有黑白合同情况出现时，要以备案的合同内容为准。之所以会有这样的规定，是为了抑制在实际的建设工程合同中，为获得更大的利益，承包人和发包人之间出现串通投标的行为，同时也说明了在经过备案之后的合同比在实际当中使用的合同有更高的法律效力。从这个方面来看，好像建设工程的合同并不符合民法典中规定的“形式要件未具备但是一方履行主要义务而另一方也接受的情况之下合同成立”的相关规定，但是仔细分析之后会发现，在建筑法司法解释中所说的“备案登记”并不是合同成立的形式要件，“备案”只是合同成立之后的后续行为，和建设工程合同成立的客观要件并不属于同一个领域的问题。

二、建设施工合同的生效要件

按照民法典中的规定，我们已经知道合同如果成立并且生效，必须具备三个要素：①主体适格，也就是说合同的双方当事人在签订合同时必须是具有民事行为能力的人，是符合合同要求的年龄和智力上的要求的。②合同的内容是双方当事人真实意思的表示，也就是说没有欺骗行为、胁迫行为或者乘人之危等情况。③合同的内容没有危害到国家、集体和第三方人合法权益，如果这三种情况同时具备，那么就认为签订的合同是有效的：在我国大多数的合同都是在成立时就开始生效，但也有一些例外的情况，比如自然人之间的借贷和定金合同，这些合同在交付标的物时合同才算生效，在建设工程合同中，合同的成立和生效是符合民法典中的合同生效的一般性规定的，也就是在合同签订时，同时生效。但因为建设工程合同行业的特殊性，在建筑法中，对于建设工程合同的效力还做出了比一般合同的成立生效更加严格的规定，比如签订合同的主体除了要具备相应的民事行为能力以外，还要有符合要求的资质等级，并且合同的订立要履行法定的招投标程序等。

三、建设施工合同无效的情形

建设施工合同除了适用民法典中合同效力的一般性规定以外，建筑法也对效力问题做出了特殊的规定，主要表现在对建设工程领域承发包人的很多行为直接认定为是合同无效的行为。根据建设工程施工合同解释中的规定，建设工程如果有以下一些情形，就被认定为无效：①承包人没有取得建筑施工资质或者超越资质等级而放包工程的合同。②没有资质的实际施工人借用有资质的施工企业名义进行工程施工的合同。③建设工程必须进行招标但未招标或者中标无效的合同。④非法转包和违法分包签订同无效。

第四节　合同的订立、履行与担保

一、合同的订立

（一）订立程序

合同的订立一定要在双方当事人对合同里面的内容进行协商之后，双方都同意并且对合同内容和合同条款没有异议的情况下才能签订。过程是一方当事人发出要约，另一方当事人做出承诺，双方当事人在合同上签字盖章之后，合同便生效。同样，建设工程的合同也是如此，从法律方面来看，无论是要约还是承诺，都视为法律行为，一旦发生就会受到法律的保护和约束。而且，大家都知道，建设工程合同的内容当中涉及的资金数额一般都很庞大，各个利益方之间关系复杂，因此建设工程合同想要签订完成需要一次又一次地要约，直到做出承诺的过程。

（二）合同条款内容

无论是什么样的合同，各项合同条款都要齐全，并且用词是谨慎准确，不会让人感到有歧义，合同的内容必须对双方当事人的权利、义务、责任表达清楚。根据我国民法典中的规定，合同条款通常包括以下一些内容：合同的标的，比如建设工程的工期、质量等级等；合同当事人的姓名、住址；工程的数量、价款；合同的履行方式、地点和期限，比如建设工程的工期、建造地点等；合同双方当事人需要承担的责任、义务以及享受的权利等；合同纠纷的解决办法等。

（三）有效合同和无效合同

合同的签订需要主体、客体与合同内容。在不危害国家利益、社会利益以及他人利益的情况下，按照相关的法律法规的规定，所签订的合同才会受到法律的保护和认可，否则就会被认定为无效合同，是不会受到法律保护的。想要签订一份有效的合同，需要具备如下条件：①合同双方当事人要有合法的资格和履约能力，在建设工程合同中，承包人必须具备相应的资质等级等。②合同的签订必须遵守相关的法律法规，也就是一定要以国家的法律规范为前提。③合同签订中，必须遵守公平、自愿、平等、诚信、合法的原则，这样的合同纠纷也会减少。

无效合同指的就是在签订合同时，当事人不符合上述的条件，法律自然也就不会承认合同的有效性，不具备法律效力。在民法典中有这样的规定，无效的合同肯定是没有法律约束力的，但合同中如果是部分内容无效，那么在不影响其他部分效力的情况下，其他部分的合同内容依然有效。

二、合同的履行

签订合同之后，双方当事人要按照合同中的约定履行合同。在履行过程中，双方当事人必须遵循合同中约定的责任、义务，并认真有效地承担以及享受合同规定的权利，一切实际的行为都要和合同条款的约定相符合，不能私自违背，以免出现合同纠纷。

（一）合同履行的一般规定

合同履行过程中，当事人要遵守相应的原则。

1.全面、适当履行的原则

全面、适当履行合同指的是当事人按照合同中相关的约定全面履行自己的义务和责任，包括履行义务的主体、标的、数量、质量、价款或者报酬以及履行的方式、地点、期限等，都要严格按照合同约定全面履行。

2.遵循诚信的原则

诚实守信，是民法典的基本原则。合同的签订、履行、变更和终止等，都要遵守诚实守信的原则：双方当事人只有相互遵守诚信、善意地履行合同，才能促使双方的合作共赢，促成合同的圆满履行。

3.公平合理、促进合同履行的原则

合同的双方当事人有着同等的地位和权利，合同的履行、变更，甚至争议等都要在一个公平合理的环境下进行，双方都保持善意和公平的心态，才能促进合同的顺利履行。

4.当事人一方不能擅自变更合同的原则

合同的成立是在法律条件下签订的，从签订生效之时起，合同就有了法律约束力和法律效力，不管是合同的哪一方，都不能擅自变更合同。对于合同的变更，在我国的民法典中根据不同的情况，做出了专门的规定，这些规定不仅完善了我国合同的法律制度体系，同时可以更好地保护当事人的合法权益。

（二）合同履行的主体

合同履行的主体包括完成履行的一方和接受履行的一方。

在合同中，完成履行的一方首先就是债务人，也包括债务人的代理人。但法律中还规

定，当事人约定或者性质上必须由债务人本人亲自履行者除外。另外，债务人之外的第三人也可以是履行人。但是，如果第三人不履行，则要由原债务人承担责任。民法典中规定：第三人不履行债务或者履行债务不符合约定，债务人则需要向债权人承担违约责任。

接受履行的一方首先是债权人，债权人享有给付请求权和受领权。但是，有些情况下，接受履行者也可以是债权人以外的第三人，比如当事人约定由债务人向第三人履行债务。但是，如果债务人没有约定受偿的第二人履行债务，却要向原合同的债权人承担违约责任，民法典中规定：债务人没有向第三人履行债务或者履行债务不符合规定，应当向债权人承担违约责任。

三、合同的担保

简单来说，合同的担保就是为了促使合同双方可以及时正确地履行合同中约定的义务、责任等，而采取的一种法律办法担保所产生的法律关系和原合同的关系是相依存的关系，当合同发生变更或者解除时，担保也需要做出相应的改变。可以这样说，担保合同不是一定要被履行的合同，只有担保不被履行或者不被完全履行时，担保合同才会产生作用，发挥其法律效力。

（一）担保的分类

合同的担保可以分为以下几种。

①一般担保和特别担保。一般担保是对以债务人为中心形成的所有权都具有担保作用的担保，特别担保是针对单个债务特别设立的担保，也就是我们平时所理解的担保。

②人保、物保和金钱保。

③法定担保和约定担保。我国法律中法定担保中规定了留置担保。

④原担保和反担保。原担保是为了主合同之债而设立的担保；反担保是为了担保之债而设立的担保。我国民法典规定：第三人为债务人提供担保时，可以要求债务人提供反担保。

（二）担保的特征

1.从属性

从属性指的是合同担保是从属于所担保的债务所依存的主合同，即主债依存的合同。合同担保是以主合同的存在为前提，会随着主合同的变更而变更，随着主合同的消失而消失，主合同无效，则担保合同也无效。

2.补充性

补充性指的是合同担保一旦成立，就在主债关系基础上补充了某种权利义务关系。

3.保障性

保障性指的是合同担保的存在是为了保障债务的顺利履行和债权的实现。

（三）与合同保全的区别

①合同担保是没有超出合同对内效力的范畴。

②合同担保主要是由于当事人的约定而产生的，合同保全则是在法律的规定下产生的。

③合同担保和合同保全相比，对债权的保障作用更为重要。因为债权人和担保权人不一样，债权人不能实际掌握实现债权的财产，对第三人也不能享有优先受偿的权利。

④合同担保是债务人不履行债务，合同保全不一定以此作为前提。

第五节　合同的变更、解除、转让与终止

一、合同的变更

（一）合同变更的含义

合同变更指的是：当事人对已经具备法律效力，但还没有履行或者还没有完全履行的合同，做出修改或者补充所达成的协议。在民法典中规定，如果合同的双方当事人就变更事宜协商一致的情况下，是可以对合同进行变更的。而合同的变更我们将其进行广义和狭义之分。广义上的合同变更包括了合同关系的三个要素也就是主体、客体、内容至少有一项发生变化，狭义的合同变更不包括合同的主体变更。合同主体变更指的是改换债务人或者债权人，而实质上则是对合同权利义务的转让。在合同变更时，必须是有效的合同才能变更，并且双方协商一致是合同变更的必要条件。任何一方都是不能私自、擅自变更合同的。

（二）合同变更的类型

合同变更又分为约定变更和法定变更。

1.约定变更

民法典中规定：当事人在经过协商之后，达成一致意见的，可以变更合同。

2.法定变更

在一些特殊情况下，当事人可以不用经过协商而变更合同。同样民法典中也有明确的规定：在承运人将货物交给收货人之前，托运人可以要求承运人中止运输、返还货物、变更到达地或者把货物交给其他收货人，但需要赔偿承运人为此遭受到的损失。

（三）合同变更的条件

1.合同关系已经存在

合同变更针对的肯定是已经存在的合同，没有合同关系合同变更也就无从谈起。所以，没有合同关系也就意味着不存在变更的对象，合同的变更离不开已经存在的合同关系这一个前提条件。同时，合同无效、合同被撤销或者是被追认权人拒绝追认效力未定的合同，合同也没有法律约束力，都被视为没有合同关系，也就不存在合同变更的可能。

2.合同内容需要变更

合同内容变更可能涉及合同标的数量、质量、价款、酬金、期限、地点、计价方式等变更，合同生效之后，当事人不能因为主体名称的变更或者法定代表人、负责人、承办人的变动而主张和请求合同变更。

3.经合同当事人协商一致，或者法院判决、仲裁庭裁决，或者援引法律直接规定

合同的变更必须遵循当事人双方的约定或者按照法律的规定并通过法院的判决或者仲裁机构的裁决才能发生合同变更，需要强调的一点是，合同的变更更主要的是双方当事人一致协商的结果。当事人协商一致的情况下，可以变更合同。在协商解决变更合同的情况下，变更合同的协议一定要符合民事法律行为的有效要件，任何一方都不能采取欺骗、胁迫的方式来欺骗或者强制当事人变更合同。如果变更合同的协议不能成立或者不能生效，那么当事人应该按照原来的合同履行自己的义务和责任。如果当事人对于变更的内容约定不够明确，可以看作没有变更。另外，合同的变更还可以依照法律的直接规定而发生变更。比如，根据民法典中的规定：如果是由于重大的误解而订立的合同或者在签订合同时有失公允的合同，当事人一方是有权请求人民法院或者仲裁机构变更或者撤销合同的；一方如果以欺骗、威胁、被迫的不正当手段或者乘人之危签订合同的，使得对方在签订合同

时，并不是自己真实意思的表示的情况下的合同，可以申请变更或撤销；损害国家利益、集体利益或者第三人利益的合同，受损害的一方有权请求人民法院或者仲裁机构变更或者撤销合同。

4.符合法律、行政法规要求的方式

合同进行变更必须遵守我国相关法律的规定，如果法律、行政法规对合同变更方式有要求，那么应该遵守这种要求。民法典规定：法律、行政法规规定的变更合同应该准予办理批准、登记等手续。按照这个要求，如果当事人在法律、行政法规规定的变更合同要办理批准、登记手续的情况下，而没有按照这些法定的方式进行变更，就算是双方已经达成了合同变更的协议，那么变更也是无效的，因为法律和行政法规对于合同变更的情形并没有做出强制性的规定，所以可以认为，当事人在变更合同的形式时可以协商决定，通常会和原合同的形式一致，如果原来的合同是书面的形式，那么变更的合同最好也采用书面的形式；如果原来的合同是口头形式，那么变更之后的合同可以继续采用口头形式，也可以采用书面形式。

（四）合同变更的流程

合同变更除了法律规定的变更和人民法院的变更以外，主要是当事人的协议变更。当事人变更合同的意向本身就是合同，因此合同变更适用于民法典中关于要约和承诺的规定。有意愿变更合同内容的一方首先要向对方提出变更合同的要约，要约要包括想要对合同的哪些条款进行变更、怎样变更、需要增加或者补充哪些内容。对方在收到要约之后，要给予重视并进行研究，如果同意变更的话，就正式回复对方，并给出明确的态度，也就是承诺变更。如果不同意变更的话，或者部分不同意变更，也要进行说明，可以提出自己的修改和补充意见，在经过双方的反复协商之后直到达成一个一致的意见。

合同的双方在经过协商获得一致意见之后，变更合同一般应该采取书面形式，这样既是为了方便查询，也是为了双方合法权益的保护。特别是如果原来的合同采用的就是书面形式，那么变更之后的合同更应该采用书面的形式；如果采用口头形式的变更合同，会使得在有一些问题出现时，无凭无据，也容易发生纠纷。如果对于合同的变更约定得不明确，或者变更采用的口头形式变更，在发生纠纷之后也没有其他证据可以证明合同变更内容的，就会被视为合同没有发生变更。当事人如果对变更的内容约定不明确，也视为没有变更。

如果原来的合同经过了公证、鉴证的，变更之后的合同也应该到原来的公证机关或鉴证机关备案，有必要的情况下还可以对变更的事实做出公证或鉴证，如果按照法律、行政的规定，原来的合同进行过有关部门的批准、登记，合同变更之后也要报给原来的机关进

行批准和登记，没有经过批准和登记的变更合同，变更之后不生效，还要按照原来的合同来执行。

（五）合同变更的效力

合同的变更效力只对变更的部分有效；已经履行的合同部分不会因为合同的变更而失去法律依据；没有变更的合同部分保持原来的效力。需要说明的是，合同的变更不能影响到当事人主张自己权利的内容，比如，一些合同由于存在欺诈内容而被法院或者仲裁庭要求变更，在被欺诈人遭受损失的情况下，合同变更后要继续履行，但是不会影响被欺诈人要求欺诈人赔偿的权利。

（六）施工合同的变更

由于建设工程的周期比较长，所涉及的资金数额巨大，所以在这个过程中的不确定性和复杂性很多，因此在施工合同的履行过程中，经常会有合同变更的情况。施工合同在变更时，必须承发包双方依法变更，并且就变更事宜达成一致。一般施工合同变更有以下一些情况。

①合同项下的任何工作数量上的改变。

②合同项下的任何工作质量或者其他特性需要改变。

③合同约定的工程的技术规格需要改变，比如位置、尺寸等。

④合同项下的任何工作的删减。

⑤工期变化。

⑥工作顺序的改变或者施工方法的改变。

尤其需要注意的是，由于施工合同的变更而给承包人造成的损失以及由于合同的变更导致的合同价款的增加或减少等，给承包人造成的损失，均由发包人承担，延误的工期要顺延。

二、合同的解除

合同的解除指的是合同在没有履行或者还没有完全履行之前，由于一些主客观因素的影响或者发生变化，而使得合同的履行变得不可能或者没有必要，按照相关的法律规定，合同当事人一方或者双方协商一致之后，终止原合同的法律关系。

（一）合同解除的条件

对于合同解除的条件，在民法典中有着较为明确的相关规定，如果符合下列情形之一的，当事人可以要求解除合同。

第一，如果是不可抗力导致的合同的不能实现，那么这个合同就失去了意义，应该将其认定为消灭。这种情况下，我国民法典是允许当事人通过行使解释权的方式来消灭合同关系的。

第二，在合同履行将要期满之前，当事人一方如果明确表示或者用自己的行为表明不愿意再履行合同中的主要债务，也就是债务人拒绝履行合同中的义务和责任，亦即我们常说的毁约行为。毁约行为又可以分成明示毁约和默示毁约。作为合同解除的条件，毁约行为是建立在债务人有过错、没有合法的理由拒绝履行责任的、有履行能力但是不履行责任义务的基础之上的。

第三，当事人一方故意或者恶意延迟履行主要债务，在经过催告之后，在合理的期限内仍然没有履行合同义务的。也就是我们所说的债务人延迟履行义务行为，按照合同的性质和当事人的意思表示，履行期限在合同的内容中不是属于特别重要时，即便是债务人在履行期限到期之后再去履行义务和责任的，也不会导致合同的目的落空。在这些情况下，从原则上来说，是不允许当事人立即解除合同的，而是应该由债权人向债务人发出履行催告的通知，先给予其一定的合同履行宽限期限，债务人在宽限期满之时还是没有履行合同义务责任的，债权人就有权解决合同。

第四，当事人一方延迟履行债务或者有其他的违约行为，使得合同目的不能实现的。对于一些合同来说，履行期限是极其重要的，如果债务人不按照约定的期限履行义务责任，合同的目的就很难如期实现。这种情况下，债权人有权解除合同、其他违约行为造成合同目的不能实现的，也应该采取此种办法。

第五，法律规定的其他一些情形，可以依照规定解除合同。

（二）合同解除的程序

合同的解除必须是当事人双方共同协商一致的结果，如果是一方想要解除合同，必须按照相关的规定告知合同的另一方，并向其说明解除的理由，然后才能按照相关的协议规定解除合同。如果原来合同的订立经过了相关部门的批准和登记，那么在解除合同时，同样也要去相关的部门办理批准和登记手续，如果合同有担保的，在解除合同时，要通知担保人。

需要特别说明的是，合同从解除通知到对方时即被视为合同已经解除，如果对方有异议，可以请求人民法院或者仲裁机构确认解除合同的效力。在实践中，一些公司因为不同意对方解除合同的理由，所以对对方的解除通知函不理会，使得自己在有需要时已经失去了诉讼的权利。也有一些公司会以回函、协商等方式提出交涉，但不按照法律的规定请求人民法院或者仲裁机构确认解除合同的效力，这样也会丧失诉讼权利。对此，正确的做法应该是及时和对方进行沟通交流，争取双方达成谅解，如果在一定时间内不能达成谅解，就要按照相关法律规定请求人民法院或者仲裁机构确认解除合同的效力。

（三）合同解除的后果

合同解除的法律后果就是使得合同的关系消失，原合同不再履行。那么对于合同解除之前的债权债务关系应该怎样处理，合同解除时已产生溯及既往的效果，也就是说已经履行的合同部分可以要求恢复原状或者采取一些补救措施，比如可以要求承担违约金或者赔偿损失。

合同的解除并不会影响合同解除方按照约定以及法律的规定追究违约方责任的权利。合同如果约定了违约金，那么可以直接适用违约金条款；如果没有约定违约金，但一方确实因为合同的相对方的过错而产生了损失，那么该方有权主张赔偿损失。

三、合同的转让

（一）合同转让的概念和生效要件

合同转让，指的是合同当事人一方依法把其合同项下的权利或者义务全部或者部分转让给第三人，再由第三人享有合同权利或者承受合同义务。合同转让按照转让的权利和义务的不同，可以分成合同权利的转让、合同义务的转让和合同权利义务的概括转让。

合同转让生效必须具备如下条件。

①合同关系必须是合法有效的，合同不存在、无效或者已经解除时，这些情况下发生的转让行为是无效的。

②合同的转让必须符合相关法律的规定。因为合同的转让内容涉及原来合同相对方的利益，在转让时必须通知原合同的相对方或者征求其同意。另外，需要依法批准的合同，在转让时，也同样需要经过相关部门的批准方可转让，如果不符合上述法律程序，转让即为无效。

③合同转让必须经过让与人和受让人达成协议。

④合同转让必须合法并且不能违背社会、国家利益。

在此需要说明的是，合同转让改变的只是合同的主体，合同的权利和义务是不会改变的。

（二）合同权利的转让

合同权利的转让指的是通过协议，将合同内容的全部或者部分债务转让给第三人的行为，比如甲公司在生产存续期间向某汽车维修店销售了一批货物，在甲公司打算注销时，汽车维修店还欠甲公司一些款项，这个时候，甲公司在注销之前，会把对汽车维修店的债权一并转让给其关联企业，自己不再去追讨欠款，而是由关联企业去管理和追讨欠款，这可以说是非常典型的合同债权的转让行为。

按照《民法典》当中的规定：债权人转让债权的，应该通知债务人，如果没有通知给债务人的，那么这个转让对于债务人来说就不发生效力。还以上述的例子进行说明，如果甲公司把对汽车维修店的债权转让给关联企业，那么必须把相关的转让事宜告知汽车维修店，如果汽车维修店觉得原来交付的产品存在一些质量问题，可以向关联企业主张自己的权利。

（三）合同义务的转让

合同义务的转让也可以被称为债务承担，指的是在不改变合同的前提下，债务人和第二人订立转让合同义务的协议，将合同的义务全部或者部分转移给第三人承担的法律行为。

需要特别说明的是，在债务人把合同的义务全部或者部分转移给第三人时，必须经过债权人的同意。如果债权人不同意，那么这个合同义务转让的行为就不会生效。

（四）合同权利义务的概括转让

合同权利义务的概括转让指的是合同的当事人一方将其合同权利义务一并转移给第三人，由第三人概括地继受这些权利和义务。可以这么说，合同概括转让是合同当事人彻底地、完全地变更，原来的当事人会退出合同关系，新的第三人会进入合同关系当中。合同权利义务的概括转让因为会涉及合同义务的转让，所以除了法定的一些情形以外，必须征求合同相对方的同意。

法定的合同权利义务的概括转让情形主要指的是公司在合并或者分开的时候，肯定会发生合同权利义务的概括转让，这是必然的。公司在合并的时候，会由合并之后的新公司来行使原来合同当中的所有合同权利，并履行合同义务，而当公司要分立成两家公司时，除非原来的公司和债务人另有约定，否则分立之后的两家公司要对原来的合同的权利和义务负有连带债权，承担连带债务。

由此我们可以知道，合同权利的转让只需要告知债务人就可以，合同义务的转移，要征得债权人的同意。但是如果在法律和行政法规中明确规定了转让的权利或者转移义务，那就必须办理批准和登记等手续，在依照相关规定办理完这些手续之后，合同权利的转让、合同义务的转移才会生效。

四、合同的终止

合同是在一定的法律事实基础上产生的：它也可以由于一定的法律事实的出现而终

止，合同的权利义务在发生以下一些情况时可以认为终止：合同的内容按照约定已经履行完毕；合同解除；债务互相抵销；债务人依法将标的物提存；债权人免除债务；债权债务归于一人；行政指令的变化导致了合同不能够继续履行；合同在双方当事人协商之后，一致认为而发生终止；其他情形。

合同的终止同样要符合相关法律的规定，双方当事人不能够违背相关的政策、不能损害国家和社会的利益，否则合同会被视为是终止无效：合同的权利义务在终止之后，当事人一定要遵守诚实守信的原则，按照交易的习惯履行通知、协助和保密等义务。虽然合同的权利和义务被终止，但不会影响到合同中结算和清理条款的效力。

需要特别说明的是，合同终止和合同解除是有一定区别的，主要表现在以下三点。

第一，适用范围不同。合同终止只适用于继续性合同，也就是债务不能一次履行完毕而必须持续履行才能完成的合同，比如承包合同、租赁合同，以及建设工程合同，大部分以提供劳务为标的合同等。合同的解除则在原则上是只适用于继续性合同的。

第二，适用的条件不同。合同终止不只是适用于一方违反合同的情况下，同时在没有违反合同的情况下，也有可能会发生合同终止，合同解除则主要适用的情况就是当事人一方不按照约定履行合同。

第三，法律后果不同。合同终止只是不再有合同关系，所以不会产生恢复原状的法律后果，合同解除可能会给一方带来损失，所以会有恢复原状的法律后果的可能。

第四章

建筑工程项目成本管理

第一节　建筑工程项目成本管理概述

一、项目成本的概念、构成及形式

成本是指为进行某项生产经营活动所发生的全部费用。它是一种耗费，是耗费劳动（物化劳动和活劳动）的货币表现形式。

项目成本是指在建设工程项目的施工过程中所发生的全部生产费用的总和，包括消耗的原材料、辅助材料、构配材料等费用，周转材料的摊销费或租赁费，施工机械的使用费或租赁费，支付给生产工人的工资、奖金、工资性质的津贴等，以及进行施工组织与管理所发生的全部费用支出。建筑工程项目成本由直接成本和间接成本构成。

（一）建筑工程项目成本的构成

按照国家现行相关制度的规定，施工过程中所发生的各项费用支出均应计入施工项目成本。在经济运行过程中，没有一种单一的成本概念能适用于各种不同的场合，不同的研究目的就需要不同的成本概念。成本费用按性质可将其划分为直接成本和间接成本两部分。

1.直接成本

直接成本是指施工过程中耗费的构成工程实体或有助于工程实体形成的各项费用支出，是可以直接计入工程对象的费用，包括人工费、材料费、施工机械使用费和施工措施费等。

2.间接成本

间接成本是指为施工准备、组织和管理施工生产的全部费用的支出，是非直接用于也无法直接计入工程对象，但为进行工程施工所必须发生的费用，包括管理人员工资、办公费、差旅交通费等。

对于企业所发生的企业管理费用、财务费用和其他费用，则按规定计入当期损益，亦即计为期间成本，不得计入施工项目成本。

企业下列支出不仅不能列入施工项目成本，也不能列入企业成本，如购置和建造固定资产、无形资产和其他资产的支出；对外投资的支出；被没收的财物；支付的滞纳金、罚

款、违约金、赔偿金、企业赞助和捐赠支出等。

（二）建筑安装工程费用项目组成

我国的建筑安装工程费由直接费、间接费、利润和税金组成。

依据成本管理的需要，施工项目成本的形式要求从不同的角度来考察。

1.事前成本和事后成本

根据成本控制要求，施工项目成本可分为事前成本和事后成本。

（1）事前成本

工程成本的计算和管理活动是与工程实施过程紧密联系的，在实际成本发生和工程结算之前所计算和确定的成本都是事前成本，它带有预测性和计划性。常用的概念有预算成本（包括施工图预算、标书合同预算）和计划成本（包括责任目标成本——企业计划成本、施工预算——项目计划成本）之分。

①预算成本。工程预算成本反映各地区建筑业的平均成本水平。它是根据施工图，以全国统一的工程量计算规则计算出来的工程量，按《全国统一建筑工程基础定额》《全国统一安装工程预算定额》和由各地区的人工日工资单价、材料价格、机械台班单价，并按有关费用的取费费率进行计算，包括直接费用和间接费用。预算成本又称施工图预算成本，它是确定工程成本的基础，也是编制计划成本、评价实际成本的依据。

②计划成本。施工项目计划成本是指施工项目经理部根据计划期的有关资料（如工程的具体条件和施工企业为实施该项目的各项技术组织措施），在实际成本发生前预先计算的成本；也就是说，它是根据反映本企业生产水平的企业定额计划得到的成本计算数额，反映了企业在计划期内应达到的成本水平，它是成本管理的目标也是控制项目成本的标准。成本计划对于加强施工企业和项目经理部的经济核算，建立和健全施工项目成本管理责任制，控制施工过程中的生产费用，以及降低施工项目成本，具有十分重要的作用。

（2）事后成本

事后成本即实际成本，它是施工项目在报告期内实际发生的各项生产费用支出的总和。将实际成本与计划成本比较，可提示成本的节约和超支，考核企业施工技术水平及技术组织措施的贯彻执行情况和企业的经营效果。实际成本与预算成本比较，可以反映工程盈亏情况。因此，计划成本和实际成本都反映了施工企业的成本水平，它与建筑施工企业本身的生产技术水平、施工条件及生产管理水平相对应。

2.直接成本和间接成本

按生产费用计入成本的方法可将工程成本划分为直接成本和间接成本两种形式。按前文所述，直接耗用于工程对象的费用构成直接成本；为进行工程施工但非直接耗用于工程对象的费用构成间接成本。成本如此分类，能正确反映工程成本的构成，考核各项生产费用的使用是否合理，便于找出降低成本的途径。

3.固定成本和可变成本

按生产费用与工程量的关系，工程成本又可划分为固定成本和可变成本，主要目的是进行成本分析，寻求降低成本的途径。

（1）固定成本

固定成本指在一定期间和一定的工程量范围内，其发生的成本额不受工程量增减变动的影响而相对固定的成本。如折旧费、大修理费、管理人员工资、办公费、照明费等。这一成本是为了保持一定的生产管理条件而发生的，项目的固定成本每月基本相同，但是，当工程量超过一定范围需要增添机械设备或管理人员时，固定成本将会发生变动。此外，所谓固定，指其总额而言，分配到单位工程量上的固定费用则是变动的。

（2）可变成本

可变成本指发生总额随着工程量的增减变动而成比例变动的费用，如直接用于工程的材料费、实行计件工资制的人工费等。所谓可变，指其总额而言，分配到单位工程量上的可变费用则是不变的。

将施工过程中发生的全部费用划分为固定成本和可变成本，对于成本管理和成本决策具有重要作用。由于固定成本是维持生产能力必须支出的费用，要降低单位工程量的固定费用，就需从提高劳动生产率，增加总工程量数额并降低固定成本的绝对值入手，降低变动成本就需从降低单位分项工程的消耗入手。

二、建筑工程项目成本管理概念

施工成本管理就是指在保证工期和质量满足要求的情况下，采取相应管理措施，包括组织措施、经济措施、技术措施、合同措施，把成本控制在计划范围内，并进一步寻求最大限度的成本节约。

项目成本管理的重要性主要体现在以下几个方面。

①项目成本管理是项目实现经济效益的内在基础。

②项目成本管理是动态反映项目一切活动的最终水准。

③项目成本管理是确立项目经济责任机制，实现有效控制和监督的手段。

三、项目成本管理的内容

项目成本管理的内容包括：成本预测、成本计划、成本控制、成本核算、成本分析和成本考核等。项目经理部在项目施工过程中对所发生的各种成本信息，有组织、有系统地进行预测、计划、控制、核算和分析等，使工程项目系统内各种要素按照一定的目标运行，从而将工程项目的实际成本控制在预定的计划成本范围内。

（一）成本预测

项目成本预测是通过成本信息和工程项目的具体情况，并运用一定的专门方法，对未来的成本水平及其可能发展趋势做出科学的估计，其实质就是在施工以前对成本进行核算。项目成本预测是项目成本决策与计划的依据。

（二）成本计划

项目成本计划是项目经理部对项目施工成本进行计划管理的工具。它是以货币形式编制工程项目在计划期内的生产费用、成本水平、成本降低率以及为降低成本所采取的主要措施和规划的书面方案，它是建立项目成本管理责任制、开展成本控制和核算的基础。一般来说，一个项目成本计划应包括从开工到竣工所必需的施工成本，它是降低项目成本的指导文件，是设立目标成本的依据。

（三）成本控制

项目成本控制是指在施工过程中，对影响项目成本的各种因素加强管理，并采取各种有效措施，将施工中实际发生的各种消耗和支出严格控制在成本计划范围内，随时揭示并及时反馈，严格审查各项费用是否符合标准、计算实际成本和计划成本之间的差异并进行分析，消除施工中的损失浪费现象，发现和总结先进经验。通过成本控制，使之最终实现甚至超过预期的成本节约目标。项目成本控制应贯穿在工程项目从招投标阶段开始直到项目竣工验收的全过程，它是企业全面成本管理的重要环节。

（四）成本核算

项目成本核算是指项目施工过程中所发生的各种费用和各种形式项目成本的核算。一是按照规定的成本开支范围对施工费用进行归集，计算出施工费用的实际发生额；二是根据成本核算对象，采用适当的方法，计算出该工程项目的总成本和单位成本。项目成本核算所提供的各种成本信息，是成本预测、成本计划、成本控制、成本分析和成本考核等各个环节的依据。因此，加强项目成本核算工作，对降低项目成本、提高企业的经济效益有积极的作用。

（五）成本分析

项目成本分析是在成本形成过程中，对项目成本进行的对比评价和剖析总结工作，它贯穿于项目成本管理的全过程，也就是说项目成本分析主要利用工程项目的成本核算资料

（成本信息），与目标成本（计划成本）、预算成本以及类似的工程项目的实际成本等进行比较，了解成本的变动情况，同时要分析主要技术经济指标对成本的影响，系统地研究成本变动的因素，检查成本计划的合理性，并通过成本分析，深入揭示成本变动的规律，寻找降低项目成本的途径，以便有效地进行成本控制。

（六）成本考核

项目成本考核是指在项目完成后，对项目成本形成中的各责任者，按项目成本目标责任制的有关规定，将成本的实际指标与计划、定额、预算进行对比和考核，评定项目成本计划的完成情况和各责任者的业绩，并以此给以相应的奖励和处罚；通过成本考核，做到有奖有惩，赏罚分明，才能有效地调动企业的每一个职工在各自的施工岗位上努力完成目标成本的积极性，为降低项目成本和增加企业的积累做出自己的贡献。

综上所述，项目成本管理中每一个环节都是相互联系和相互作用的。成本预测是成本决策的前提，成本计划是成本决策所确定目标的具体化。成本控制则是对成本计划的实施进行监督，保证决策的成本目标实现，而成本核算又是成本计划是否实现的最后检验，它所提供的成本信息又对下一个项目成本预测和决策提供基础资料。成本考核是实现成本目标责任制的保证和实现决策目标的重要手段。

四、建筑工程项目成本管理的措施

为了取得施工成本管理的理想成效，应当从多方面采取措施实施管理，通常可以将这些措施归纳为组织措施、技术措施、经济措施和合同措施。

（一）组织措施

组织措施是从施工成本管理的组织方面采取的措施。施工成本控制是全员的活动，如实行项目经理责任制，落实施工成本管理的组织机构和人员，明确各级施工成本管理人员的任务和职能分工、权利和责任。施工成本管理不仅是专业成本管理人员的工作，各级项目管理人员也负有成本控制责任。

组织措施的另一方面是编制施工成本控制工作计划，确定合理详细的工作流程。要做好施工采购规划，通过生产要素的优化配置、合理使用、动态管理，有效控制实际成本；加强施工定额管理和施工任务单管理，控制活劳动和物化劳动的消耗；加强施工调度，避免因施工计划不周和盲目调度造成窝工损失、机械利用率降低、物料积压等而使施工成本增加。成本控制工作只有建立在科学管理的基础之上，具备合理的管理体制，完善的规章制度，稳定的作业秩序，完整准确的信息传递，才能取得成效。组织措施是其他各类措施的前提和保障，而且一般不需要增加什么费用，运用得当可以收到良好的效果。

（二）技术措施

施工过程中降低成本的技术措施，包括：进行技术经济分析，确定最佳的施工方案；结合施工方法，进行材料使用的比选，在满足功能要求的前提下，通过代用、改变配合比、使用添加剂等方法降低材料消耗的费用；确定最合适的施工机械、设备使用方案。结合项目的施工组织设计及自然地理条件，降低材料的库存成本和运输成本；先进的施工技术的应用，新材料的运用，新开发机械设备的使用等。在实践中，也要避免仅从技术角度选定方案而忽视对其经济效果的分析论证。

技术措施不仅对解决施工成本管理过程中的技术问题是不可缺少的，而且对纠正施工成本管理目标偏差也有相当重要的作用。因此，运用技术纠偏措施的关键，一是要能提出多个不同的技术方案，二是要对不同的技术方案进行技术经济分析。

（三）经济措施

经济措施是最易为人们所接受和采用的措施。管理人员应编制资金使用计划，确定、分解施工成本管理目标。对施工成本管理目标进行风险分析，并制定防范性对策。对各种支出，应认真做好资金的使用计划，并在施工中严格控制各项开支。及时准确地记录、收集、整理、核算实际发生的成本。对各种变更，及时做好增减账，及时落实业主签证，及时结算工程款。通过偏差分析和未完工程预测，可发现一些潜在的问题将引起未完工程施工成本增加，对这些问题应以主动控制为出发点，及时采取预防措施。由此可见，经济措施的运用绝不仅仅是财务人员的事情。

（四）合同措施

采用合同措施控制施工成本，应贯穿整个合同周期，包括从合同谈判开始到合同终结的全过程。首先是选用合适的合同结构，对各种合同结构模式进行分析、比较，在合同谈判时，要争取选用适合于工程规模、性质和特点的合同结构模式。其次，在合同的条款中应仔细考虑一切影响成本和效益的因素，特别是潜在的风险因素。通过对引起成本变动的风险因素的识别和分析，采取必要的风险对策，如通过合理的方式，增加承担风险的个体数量，降低损失发生的比例，并最终使这些策略反映在合同的具体条款中。在合同执行期间，合同管理的措施既要密切注视对方合同执行的情况，以寻求合同索赔的机会；同时要密切关注自己履行合同的情况，以防止被对方索赔。

五、项目成本管理的原则

项目成本管理需要遵循以下六项原则。

①领导者推动原则。

②以人为本，全员参与原则。

③目标分解，责任明确原则。

④管理层次与管理内容的一致性原则。

⑤动态性、及时性、准确性原则。

⑥过程控制与系统控制原则。

六、项目成本管理影响因素和责任体系

（一）项目成本管理影响因素

影响项目成本管理的主要因素有以下几方面：投标报价；合同价；施工方案；施工质量；施工进度；施工安全；施工现场平面管理；工程变更；索赔费用等。

（二）项目成本管理责任体系

建立健全项目全面成本管理责任体系，有利于明确业务分工和成本目标的分解，层层落实，保证成本管理控制的具体实施。根据成本运行规律，成本管理责任体系应包括组织管理层和项目经理部。

1.组织管理层

组织管理层主要是设计和建立项目成本管理体系、组织体系的运行，行使管理和监督职能。它的成本管理除生产成本，还包括经营管理费用。负责项目全面管理的决策，确定项目的合同价格和成本计划，确定项目管理层的成本目标。

2.项目经理部

项目经理部的成本管理职能，是组织项目部人员执行组织确定的项目成本管理目标，发挥现场生产成本控制中心的管理职能。负责项目生产成本的管理，实施成本控制，实现项目管理目标责任书的成本目标。

第二节　建筑工程项目成本预测

一、项目成本预测的概念

成本预测，就是依据成本的历史资料和有关信息，在认真分析当前各种技术经济条

件、外界环境变化及可能采取的管理措施的基础上，对未来的成本与费用及其发展趋势所做的定量描述和逻辑推断。

项目成本预测是通过成本信息和工程项目的具体情况，对未来的成本水平及其发展趋势做出科学的估计，其实质就是工程项目在施工以前对成本进行核算。通过成本预测，使项目经理部在满足业主和企业要求的前提下，确定工程项目降低成本的目标，克服盲目性，提高预见性，为工程项目降低成本提供决策与计划的依据。

二、项目成本预测的意义

（一）成本预测是投标决策的依据

建筑施工企业在选择投标项目过程中，往往需要根据项目是否盈利、利润大小等诸因素确定是否对工程投标。

（二）成本预测是编制成本计划的基础

计划是管理的第一步。正确可靠的成本计划，必须遵循客观经济规律，从实际出发，对成本做出科学的预测。这样才能保证成本计划不脱离实际，切实起到控制成本的作用。

（三）成本预测是成本管理的重要环节

推算其成本水平变化的趋势及其规律性，预测实际成本。它是预测和分析相结合，是事后反馈与事前控制相结合。通过成本预测，发现问题，找出薄弱环节，有效控制成本。

三、项目成本预测程序

科学、准确的预测必须遵循合理的预测程序。

（一）制订预测计划

制订预测计划是预测工作顺利进行的保证。预测计划的内容主要包括：组织领导及工作布置，配合的部门，时间进度，搜集材料范围等。

（二）收集整理预测资料

根据预测计划，收集预测资料是进行预测的重要条件。预测资料一般有纵向和横向两方面的数据。纵向资料是企业成本费用的历史数据，据此分析其发展趋势；横向资料是指同类工程项目、同类施工企业的成本资料，据此分析所预测项目与同类项目的差异，并做出估计。

（三）选择预测方法

成本的预测方法可以分为定性预测法和定量预测法。

1.定性预测法

定性预测法是根据经验和专业知识进行判断的一种预测方法。常用的定性预测法有：管理人员判断法、专业人员意见法、专家意见法及市场调查法等。

2.定量预测法

定量预测法是利用历史成本费用资料以及成本与影响因素之间的数量关系，通过一定的数学模型来推测、计算未来成本的可能结果。

（四）成本初步预测

根据定性预测的方法及一些横向成本资料的定量预测，对成本进行初步估计。这一步的结果往往比较粗糙，需要结合现在的成本水平进行修正，才能保证预测结果的质量。

（五）影响成本水平的因素预测

影响成本水平的因素主要有：物价变化、劳动生产率、物料消耗指标、项目管理费开支、企业管理层次等。可根据近期内工程实施情况、本企业及分包企业情况、市场行情等，推测未来哪些因素会对成本费用水平产生影响，其结果如何。

（六）成本预测

根据初步的成本预测以及对成本水平变化因素预测结果，确定成本情况。

（七）分析预测

误差成本预测往往与实施过程中及其后的实际成本有出入，而产生预测误差。预测误差大小，反映预测准确程度的高低。如果误差较大，应分析产生误差的原因，并积累经验。

四、项目成本预测方法

（一）定性预测方法

成本的定性预测指成本管理人员根据专业知识和实践经验，通过调查研究，利用已有资料，对成本的发展趋势及可能达到的水平所做的分析和推断。由于定性预测主要依靠管理人员的素质和判断能力，因而这种方法必须建立在对项目成本耗费的历史资料、现状及影响因素深刻了解的基础之上。

定性预测偏重于对市场行情的发展方向和施工中各种影响项目成本因素的分析，发挥专家经验和主观能动性，比较灵活，可以较快地提出预测结果；但进行定性预测时，也要尽可能地搜集数据，运用数学方法，其结果通常也是从数量上测算。这种方法简便易行，在资料不多、难以进行定量预测时最为适用。

在项目成本预测的过程中，经常采用的定性预测方法主要有：经验评判法、专家会议法、德尔菲法和主观概率法等。

（二）定量预测方法

定量预测方法也称统计预测方法，是根据已掌握的比较完备的历史统计数据，运用一定数学方法进行科学的加工整理，借以揭示有关变量之间的规律性联系，从而推断未来发展变化情况。

定量预测偏重于数量方面的分析，重视预测对象的变化程度，能将变化程度在数量上准确地描述；它需要积累和掌握历史统计数据，客观实际资料，作为预测的依据，运用数学方法进行处理分析，受主观因素影响较少。

定量预测的主要方法有：算术平均法、回归分析法、高低点法、量本利分析法和因素分析法。

五、回归分析法和高低点法

（一）回归分析法

在具体的预测过程中经常会涉及几个变量或几种经济现象，并且需要探索它们之间的相互关系。例如成本与价格及劳动生产率等都存在着数量上的一定相互关系。对客观存在的现象之间相互依存关系进行分析研究，测定两个或两个以上变量之间的关系，寻求其发展变化的规律性，从而进行推算和预测，称为回归分析。在进行回归分析时，不论变量的个数多少，必须选择其中的一个变量为因变量，而把其他变量作为自变量，然后根据已知的历史统计数据资料，研究测定因变量和自变量之间的关系。利用回归分析法进行预测，称为回归预测。

在回归分析预测中，所选定的因变量是指需要求得预测值的那个变量，即预测对象。自变量则是影响预测对象变化的，与因变量有密切关系的那个或那些变量。

回归分析有一元线性回归分析、多元线性回归分析和非线性回归分析等。这里仅介绍一元线性回归分析在成本预测中的应用。

1.一元线性回归分析预测的基本原理

一元线性回归分析预测法是根据历史数据在直角坐标系上描绘出相应点，再在各点间作一直线，使直线到各点的距离最小，即偏差平方和为最小，因而，这条直线就最能代表实际数据变化的趋势（或称倾向线），用这条直线适当延长来进行预测是合适的。

2.一元线性回归分析预测的步骤

①先根据X、Y两个变量的历史统计数据，把X与Y作为已知数，寻求合理的a、b回归系数，然后，依据a、b回归系数来确定回归方程。这是运用回归分析法的基础。

②利用已求出的回归方程中a、b回归系数的经验值，把a、b作为已知数，根据具体条件，测算y值随着x值的变化而呈现的未来演变。这是运用回归分析法的目的。

（二）高低点法

高低点法是成本预测的一种常用方法，它是根据统计资料中完成业务量（产量或产值）最高和最低两个时期的成本数据，通过计算总成本中的固定成本、变动成本和变动成本率来预测成本的。

第三节　建筑工程项目成本计划

一、项目成本计划的概念和重要性

成本计划，是在多种成本预测的基础上，经过分析、比较、论证、判断之后，以货币形式预先规定计划期内项目施工的耗费和成本所要达到的水平，并且确定各个成本项目比预计要达到的降低额和降低率，提出保证成本计划实施所需要的主要措施方案。

项目成本计划是项目成本管理的一个重要环节，是实现降低项目成本任务的指导性文件，也是项目成本预测的继续。

项目成本计划的过程是动员项目经理部全体职工，挖掘降低成本潜力的过程；也是检验施工技术质量管理、工期管理、物资消耗和劳动力消耗管理等效果的全过程。

项目成本计划的重要性具体表现为以下几个方面。

①是对生产耗费进行控制、分析和考核的重要依据。

②是编制核算单位其他有关生产经营计划的基础。

③是国家编制国民经济计划的一项重要依据。

④可以动员全体职工深入开展增产节约、降低产品成本的活动。

⑤是建立企业成本管理责任制、开展经济核算和控制生产费用的基础。

二、成本计划与目标成本

所谓目标成本，即项目（或企业）对未来产品成本所规定的奋斗目标。它比已经达到的实际成本要低，但又是经过努力可以达到的。目标成本管理是现代化企业经营管理的重要组成部分，它是市场竞争的需要，是企业挖掘内部潜力、不断降低产品成本、提高企业整体工作质量的需要，是衡量企业实际成本节约或开支，考核企业在一定时期内成本管理水平高低的依据。

施工项目的成本管理实质就是一种目标管理。项目管理的最终目标是低成本、高质量、短工期，而低成本是这三大目标的核心和基础。目标成本有很多形式，在制定目标成本作为编制施工项目成本计划和预算的依据时，可能以计划成本、定额成本或标准成本作为目标成本，还将随成本计划编制方法的变化而变化。

一般而言，目标成本的计算公式如下：项目目标成本＝预计结算收入－税金－项目目标利润，目标成本降低额＝项目的预算成本－项目的目标成本，目标成本降低率＝目标成本降低额/项目的预算成本。

三、项目成本目标的分解

通过计划目标成本的分解，使项目经理部的所有成员和各个单位、部门明确自己的成本责任，并按照分工去开展工作。通过计划目标成本的分解，将各分部分项工程成本控制目标和要求，各成本要素的控制目标和要求，落实到成本控制的责任者。

项目经理部进行目标成本分解，方法有两个。一是按工程成本项目分解。二是按项目组成分解，大中型工程项目通常是工程由若干单项工程构成的，而每个单项工程包括了多个单位工程，每个单位工程又是由若干个分部分项工程所构成。因此，首先要把项目总施工成本分解到单项工程和单位工程，再进一步分解到分部工程和分项工程中。

在完成施工项目成本分解之后，接下来就要具体地分析成本，编制分项工程的成本支出计划，从而得到详细的成本计划表。

四、成本计划的编制依据

编制成本计划的过程是动员全体施工项目管理人员的过程，是挖掘降低成本潜力的过程，是检验施工技术质量管理、工期管理、物资消耗和劳动力消耗管理等是否落实的过程。

项目成本计划编制依据有六方面。

第一，承包合同。合同文件除了包括合同文本外，还包括招标文件、投标文件、设计文件等，合同中的工程内容、数量、规格、质量、工期和支付条款都将对工程的成本计划产生重要的影响，因此承包方在签订合同前应进行认真的研究与分析，在正确履约的前提下降低工程成本。

第二，项目管理实施规划。其中工程项目施工组织设计文件为核心的项目实施技术方案与管理方案，是在充分调查和研究现场条件及有关法规条件的基础上制订的，不同实施条件下的技术方案和管理方案，将导致工程成本的不同。

第三，可行性研究报告和相关设计文件。

第四，已签订的分包合同（或估价书）。

第五，生产要素价格信息。包括：人工、材料、机械台班的市场价；企业颁布的材料指导价、企业内部机械台班价格、劳动力内部挂牌价格；周转设备内部租赁价格、摊销损耗标准；结构件外加工计划和合同等。

第六，反映企业管理水平的消耗定额（企业施工定额），以及类似工程的成本资料。

五、项目成本计划的原则和程序

（一）项目成本计划的原则

1.合法性原则。

2.先进可行性原则。

3.弹性原则。

4.可比性原则。

5.统一领导分级管理的原则。

6.从实际出发的原则。

7.与其他计划结合的原则。

（二）项目成本计划编制的程序

编制成本计划的程序，因项目的规模大小、管理要求不同而不同。大中型项目一般采用分级编制的方式，即先由各部门提出部门成本计划，再由项目经理部汇总编制全项目工程的成本计划；小型项目一般采用集中编制方式，即由项目经理部先编制各部门成本计划，再汇总编制全项目的成本计划。

六、项目成本计划的内容

（一）项目成本计划的组成

施工项目的成本计划，一般由施工项目直接成本计划和间接成本计划组成。如果项目设有附属生产单位，成本计划还包括产品成本计划和作业成本计划。

1.直接成本计划

直接成本计划主要反映工程成本的预算价值、计划降低额和计划降低率。直接成本计划的具体内容如下：

第一，编制说明。指对工程的范围、投标竞争过程及合同条件、承包人对项目经理提出的责任成本目标、项目成本计划编制的指导思想和依据等的具体说明。

第二，项目成本计划的指标。项目成本计划的指标应经过科学的分析预测确定，可以采用对比法、因素分析法等进行测定。

第三，按工程量清单列出的单位工程计划成本汇总表。

第四，按成本性质划分的单位工程成本汇总表，根据清单项目的造价分析，分别对人工费、材料费、机械费、措施费、企业管理费和税费进行汇总，形成单位工程成本计划表。

第五，项目计划成本应在项目实施方案确定和不断优化的前提下进行编制，因为不同的实施方案将导致直接工程费、措施费和企业管理费的差异。成本计划的编制是项目成本预控的重要手段。因此，应在开工前编制完成，以便将计划成本目标分解落实，为各项成本的执行提供明确的目标、控制手段和管理措施。

2.间接成本计划

间接成本计划主要反映施工现场管理费用的计划数、预算收入数及降低额。间接成本计划应根据工程项目的核算期，以项目总收入费的管理费为基础，制订各部门费用的收支计划，汇总后作为工程项目的管理费用的计划。在间接成本计划中，收入应与取费口径一致，支出应与会计核算中管理费用的二级科目一致。间接成本的计划的收支总额，应与项目成本计划中管理费一栏的数额相符。各部门应按照节约开支、压缩费用的原则，制定“管理费用归口包干指标落实办法”，以保证该计划的实施。

（二）项目成本计划表

1.项目成本计划任务表

项目成本计划任务表主要是反映项目预算成本、计划成本、成本降低额、成本降低率的文件，是落实成本降低任务的依据。

2.项目间接成本计划表

项目间接成本计划表主要指施工现场管理费计划表。反映发生在项目经理部的各项施工管理费的预算收入、计划数和降低额。

3.项目技术组织措施表

项目技术组织措施表由项目经理部有关人员分别就应采取的技术组织措施预测它的经济效益，最后汇总编制而成。编制技术组织措施表的目的，是在不断采用新工艺、新技术的基础上提高施工技术水平，改善施工工艺过程，推广工业化和机械化施工方法，以及通过采纳合理化建议达到降低成本的目的。

4.项目降低成本计划表

根据企业下达给该项目的降低成本任务和该项目经理部自己确定的降低成本指标而制订出项目成本降低计划。它是编制成本计划任务表的重要依据。它是由项目经理部有关业务和技术人员编制的。其根据是项目的总包和分包的分工，项目中的各有关部门提供的降低成本资料及技术组织措施计划。在编制降低成本计划表时，还应参照企业内外以往同类项目成本计划的实际执行情况。

七、项目成本计划编制的方法

（一）施工预算法

施工预算法，是指以施工图中的工程实物量，套以施工工料消耗定额，计算工料消耗量，并进行工料汇总，然后统一以货币形式反映其施工生产耗费水平。

采用施工预算法编制成本计划，是以单位工程施工预算为依据，并考虑结合技术节约措施计划，以进一步降低施工生产耗费水平。用公式表示为：

施工预算法计划成本＝施工预算工料消耗费用－技术节约措施计划节约额

（二）技术节约措施法

技术节约措施法是指以工程项目计划采取的技术组织措施和节约措施所能取得的经济效果为项目成本降低额，然后求工程项目的计划成本的方法。用公式表示为：

工程项目计划成本＝工程项目预算成本－技术节约措施计划节约额（成本降低额）

（三）成本习性法

成本习性法是固定成本和变动成本在编制成本计划中的应用，主要按照成本习性，将成本分成固定成本和变动成本两类，以此计算计划成本。具体划分可采用按费用分解的方法。

1.材料费

与产量有直接联系，属于变动成本。

2.人工费

在计时工资形式下，生产工人工资属于固定成本，因为不管生产任务完成与否，工资照发，与产量增减无直接联系。如果采用计件超额工资形式，其计件工资部分属于变动成本，奖金、效益工资和浮动工资部分，亦应计入变动成本。

3.机械使用费

其中有些费用随产量增减而变动，如燃料费、动力费等，属变动成本。有些费用不随产量变动，如机械折旧费、大修理费、机修工和操作工的工资等，属于固定成本。此外还有机械的场外运输费和机械组装拆卸、替换配件、润滑擦拭等经常修理费，由于不直接用于生产，也不随产量增减成正比例变动，而是在生产能力得到充分利用，产量增长时，所分摊的费用就少些，在产量下降时，所分摊的费用就要大一些，所以这部分费用为介于固定成本和变动成本之间的半变动成本，可按一定比例划为固定成本和变动成本。

4.措施费

水、电、风、气等费用以及现场发生的其他费用，多数与产量发生联系，属于变动成本。

5.施工管理费

其中大部分在一定产量范围内与产量的增减没有直接联系，如工作人员工资、生产工人辅助工资、工资附加费、办公费、差旅交通费、固定资产使用费、职工教育经费、上级管理费等，基本上属于固定成本。检验试验费、外单位管理费等与产量增减有直接联系，则属于变动成本范围。此外，劳动保护费中的劳保服装费、防暑降温费、防寒用品费，劳动部门都有规定的领用标准和使用年限，基本上属于固定成本范围。技术安全措施费、保健费，大部分与产量有关，属于变动成本。工具用具使用费中，行政使用的家具费属固定成本。工人领用工具，随管理制度不同而不同，有些企业对机修工、电工、钢筋工、车工、钳工、刨工的工具按定额配备，规定使用年限，定期以旧换新，属于固定成本；而对民工、木工、抹灰工、油漆工的工具采取定额人工数、定价包干，则又属于变动成本。

在成本按习性划分为固定成本和变动成本后，可用下列公式计算：

工程项目计划成本＝项目变动成本总额+项目固定成本总额

第四节　建筑工程项目成本控制

一、建筑工程项目成本控制概要

（一）项目成本控制的概念

项目成本控制是指项目经理部在项目成本形成的过程中，为控制人、机、材消耗和费用支出，降低工程成本，达到预期的项目成本目标，所进行的成本预测、计划、实施、核算、分析、考核、整理成本资料与编制成本报告等一系列活动。

项目成本控制是在成本发生和形成的过程中，对成本进行的监督检查。成本的发生和形成是一个动态的过程，这就决定了成本的控制也应该是一个动态过程，因此也可称为成本的过程控制。

项目成本控制的重要性，具体可表现为以下几个方面。

①监督工程收支，实现计划利润。

②做好盈亏预测，指导工程实施。

③分析收支情况，调整资金流动。

④积累资料，指导今后投标。

（二）项目成本控制的依据

1.项目承包合同文件

项目成本控制要以工程承包合同为依据，围绕降低工程成本这个目标，从预算收入和实际成本两方面，努力挖掘增收节支潜力，以求获得最大的经济效益。

2.项目成本计划

项目成本计划是根据工程项目的具体情况制订的施工成本控制方案，既包括预定的具体成本控制目标，又包括实现控制目标的措施和规划，是项目成本控制的指导文件。

3.进度报告

进度报告提供了每一时刻工程实际完成量，工程施工成本实际支付情况等重要信息。施工成本控制工作正是通过实际情况与施工成本计划相比较，找出二者之间的差别，分析偏差产生的原因，从而采取措施改进以后的工作。此外，进度报告还有助于管理者及时发现工程实施中存在的隐患，并在事态还未造成重大损失之前采取有效措施，尽量避免损失。

4.工程变更与索赔资料

在项目的实施过程中，由于各方面的原因，工程变更是很难避免的。工程变更一般包括设计变更、进度计划变更、施工条件变更、技术规范与标准变更、施工次序变更、工程数量变更等。一旦出现变更，工程量、工期、成本都必将发生变化，从而使得施工成本控制工作变得更加复杂和困难。因此，施工成本管理人员应当通过对变更要求当中各类数据的计算、分析，随时掌握变更情况，包括已发生工程量、将要发生工程量、工期是否拖延、支付情况等重要信息，判断变更以及变更可能带来的索赔额度等。

除了上述几种项目成本控制工作的主要依据以外，有关施工组织设计、分包合同文本等也都是项目成本控制的依据。

（三）项目成本控制的要求

项目成本控制应满足下列要求：

第一，要按照计划成本目标值来控制生产要素的采购价格，并认真做好材料、设备进场数量和质量的检查、验收与保管。

第二，要控制生产要素的利用效率和消耗定额，如任务单管理、限额领料、验工报告审核等。同时要做好不可预见成本风险的分析和预控，包括编制相应的应急措施等。

第三，控制影响效率对消耗量的其他因素（如工程变更等）所引起的成本增加。

第四，把项目成本管理责任制度与对项目管理者的激励机制结合起来，以增强管理人员的成本意识和控制能力。

第五，承包人必须有一套健全的项目财务管理制度，按规定的权限和程序对项目资金的使用和费用的结算支付进行审核、审批，使其成为项目成本控制的一个重要手段。

（四）项目成本控制的原则

1.全面控制原则

①项目成本的全员控制。

②项目成本的全过程控制。

③项目成本的全企业各部门控制。

2.动态控制原则

①项目施工是一次性行为，其成本控制应更重视事前、事中控制。

②编制成本计划，制定或修订各种消耗定额和费用开支标准。

③施工阶段重在执行成本计划，落实降低成本措施，实行成本目标管理。

④建立灵敏的成本信息反馈系统。各责任部门能及时获得信息，纠正不利成本偏差。

3.目标管理原则

4.责、权、利相结合原则

5.节约原则

①编制工程预算时，应“以支定收”，保证预算收入；在施工过程中，要“以收定支”，控制资源消耗和费用支出。

②严格控制成本开支范围，费用开支标准和有关财务制度，对各项成本费用的支出进行限制和监督。抓住索赔时机，搞好索赔、合理力争甲方给予经济补偿。

6.开源与节流相结合原则

二、项目成本控制实施的步骤

在确定了项目施工成本计划之后，必须定期地进行施工成本计划值与实际值的比较，当实际值偏离计划值时，分析产生偏差的原因，采取适当的纠偏措施，以确保施工成本控制目标的实现。其实施步骤如下。

（一）比较

按照某种确定的方式将施工成本计划值与实际值逐项进行比较，以发现施工成本是否已超支。

（二）分析

在比较的基础上，对比较的结果进行分析，以确定偏差的严重性及偏差产生的原因。这是施工成本控制工作的核心，其主要目的在于找出产生偏差的原因，从而采取具有针对性的措施，减少或避免相同原因的事件再次发生或减少由此造成的损失。

（三）预测

根据项目实施情况估算整个项目完成时的施工成本。预测的目的在于为决策提供支持。

（四）纠偏

当工程项目的实际施工成本出现了偏差，应当根据工程的具体情况、偏差分析和预测的结果，采取适当的措施，以期达到使施工成本偏差尽可能小的目的。纠偏是施工成本控

制中最具实质性的一步。只有通过纠偏，才能最终达到有效控制施工成本的目的。

（五）检查

检查是指对工程的进展进行跟踪和检查，及时了解工程进展状况以及纠偏措施的执行情况和效果，为今后的工作积累经验。

三、项目成本控制的对象和内容

（一）项目成本控制的对象

1.以项目成本形成的过程作为控制对象

根据对项目成本实行全面、全过程控制的要求，具体包括：工程投标阶段成本控制；施工准备阶段成本控制；施工阶段成本控制；竣工交付使用及保修期阶段的成本控制。

2.以项目的职能部门、施工队和生产班组作为成本控制的对象

成本控制的具体内容是日常发生的各种费用和损失。项目的职能部门、施工队和班组还应对自己承担的责任成本进行自我控制，这是最直接、最有效的项目成本控制。

3.以分部分项工程作为项目成本的控制对象

项目应该根据分部分项工程的实物量，参照施工预算定额，联系项目管理的技术素质、业务素质和技术组织措施的节约计划，编制包括工、料、机消耗数量以及单价、金额在内的施工预算，作为对分部分项工程成本进行控制的依据。

（二）项目成本控制的内容

工程投标阶段中标以后，应根据项目的建设规模，组建与之相适应的项目经理部，同时以标书为依据确定项目的成本目标，并下达给项目经理部。

（三）施工准备阶段

根据设计图纸和有关技术资料，对施工方法、施工顺序、作业组织形式、机械设备选型、技术组织措施等进行认真的研究分析，并运用价值工程原理，制订出科学先进、经济合理的施工方案。

（四）施工阶段

第一，将施工任务单和限额领料单的结算资料与施工预算进行核对，计算分部分项工

程的成本差异，分析差异产生的原因，并采取有效的纠偏措施。

第二，做好月度成本原始资料的收集和整理，正确计算月度成本。实行责任成本核算。

第三，经常检查对外经济合同的履约情况，为顺利施工提供物质保证。定期检查各责任部门和责任者的成本控制情况。

（五）竣工验收阶段

第一，重视竣工验收工作，顺利交付使用。在验收前，要准备好验收所需要的各种书面资料（包括竣工图）送甲方备查；对验收中甲方提出的意见，应根据设计要求和合同内容认真处理，如果涉及费用，应请甲方签证，列入工程结算。

第二，及时办理工程结算。

第三，在工程保修期间，应由项目经理指定保修工作的责任者，并责成保修责任者根据实际情况提出保修计划（包括费用计划），以此作为控制保修费用的依据。

四、项目成本控制的实施方法

（一）以项目成本目标控制成本支出

它通过确定成本目标并按计划成本进行施工、资源配置，对施工现场发生的各种成本费用进行有效控制，其具体的控制方法如下。

1.人工费的控制

人工费的控制实行“量价分离”的原则，将作业用工及零星用工按定额工日的一定比例综合确定用工数量与单价，通过劳务合同进行控制。

2.材料费的控制

材料费控制同样按照“量价分离”的原则，控制材料用量和材料价格。首先，是材料用量的控制，在保证符合设计要求和质量标准的前提下，合理使用材料，通过材料需用量计划、定额管理、计量管理等手段有效控制材料物资的消耗，具体方法如下。

（1）材料需用量计划的编制实行适时性、完整性、准确性控制

在工程项目施工过程中，每月应根据施工进度计划，编制材料需用量计划。计划的适时性是指材料需用量计划的提出和进场要适时。计划的完整性是指材料需用量计划的材料品种必须齐全，材料的型号、规格、性能、质量要求等要明确。计划的准确性是指材料需用量的计算要准确，绝不能粗估冒算。需用量计划应包括需用量和供应量。需用量计划应

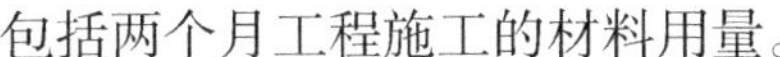

包括两个月工程施工的材料用量。

（2）材料领用控制

材料领用控制是通过实行限额领料制度来控制。限额领料制度可采用定额控制和指标控制。定额控制指对于有消耗定额的材料，以消耗定额为依据，实行限额发料制度。指标控制指对于没有消耗定额的材料，则实行计划管理和按指标控制。

（3）材料计量控制

准确做好材料物资的收发计量检查和投料计量检查。计量器具要按期检验、校正，必须受控；计量过程必须受控；计量方法必须全面、准确并受控。

（4）工序施工质量控制

工程施工前道工序的施工质量往往影响后道工序的材料消耗量。从每个工序的施工来讲，则应时时受控，一次合格，避免返修而增加材料消耗。

其次，是材料价格的控制。材料价格主要由材料采购部门控制。由于材料价格是由买价、运杂费、运输中的合理损耗等组成，因此控制材料价格，主要是通过掌握市场信息，应用招标和询价等方式控制材料、设备的采购价格。

施工项目的材料物资，包括构成工程实体的主要材料和结构件，以及有助于工程实体形成的周转使用材料和低值易耗品。从价值角度看，材料物资的价值占建筑安装工程造价的60%～70%以上，其重要程度自然是不言而喻的。材料物资的供应渠道和管理方式各不相同，控制的内容和方法也有所不同。

3.施工机械使用费的控制

合理选择施工机械设备，合理使用施工机械设备对成本控制具有十分重要的意义，尤其是高层建筑施工。据某些工程实例统计，在高层建筑地面以上部分的总费用中，垂直运输机械费用占6%～10%。由于不同的起重运输机械有不同的用途和特点，因此在选择起重运输机械时，首先应根据工程特点和施工条件确定采取何种起重运输机械的组合方式。

施工机械使用费主要由台班数量和台班单价两方面决定，为有效控制施工机械使用费支出，主要从以下几个方面进行控制。

①合理安排施工生产，加强设备租赁计划管理，减少因安排不当引起的设备闲置。

②加强机械设备的调度工作，尽量避免窝工，提高现场设备利用率。

③加强现场设备的维修保养，避免因不正确使用造成机械设备的停置。

④做好机上人员与辅助生产人员的协调与配合，提高施工机械台班产量。

4.施工分包费用的控制

分包工程价格的高低，必然对项目经理部的施工项目成本产生一定的影响。因此，施工项目成本控制的重要工作之一是对分包价格的控制。项目经理部应在确定施工方案的初期确定需要分包的工程范围。决定分包范围的因素主要是施工项目的专业性和项目规模。对分包费用的控制，主要是要做好分包工程的询价、订立平等互利的分包合同、建立稳定的分包关系网络、加强施工验收和分包结算等工作。

（二）以施工方案控制资源消耗

资源消耗数量的货币表现大部分是成本费用。因此，资源消耗的减少，就等于成本费用的节约；控制了资源消耗，也就是控制了成本费用。

以施工预算控制资源消耗的实施步骤和方法如下。

第一，在工程项目开工前，根据施工图纸和工程现场的实际情况，制订施工方案。

第二，组织实施。施工方案是进行工程施工的指导性文件，有步骤、有条理地按施工方案组织施工，可以合理配置人力和机械，可以有计划地组织物资进场，从而做到均衡施工。

第三，采用价值工程，优化施工方案。价值工程，又称价值分析，是一门技术与经济相结合的现代化管理科学，应用价值工程，既研究在提高功能的同时不增加成本，或在降低成本的同时不影响功能，把提高功能和降低成本统一在最佳方案中。

第五节　建筑项目成本核算

一、项目成本核算概要

项目成本核算是施工项目管理系统中一个极其重要的子系统，也是项目管理最根本的标志和主要内容。

项目成本核算在施工项目成本管理中的重要性体现在两个方面：一方面，它是施工项目进行成本预测、制订成本计划和实行成本控制所需信息的重要来源；另一方面，它又是施工项目进行成本分析和成本考核的基本依据。成本预测是成本计划的基础。成本计划是成本预测的结果，也是所确定的成本目标的具体化。成本控制是对成本计划的实施进行监督，以保证成本目标的实现。而成本核算则是对成本目标是否实现的最后检验。成本考核是实现决策目标的重要手段。由此可见，施工项目成本核算是施工项目成本管理中最基本的职能，离开了成本核算，就谈不上成本管理，也就谈不上其他职能的发挥。这就是施工项目成本核算与施工项目成本管理的内在联系。

（一）项目成本核算的对象

项目成本核算的对象是指在计算工程成本中确定的归集和分配生产费用的具体对象，即生产费用承担的客体。确定成本核算对象，是设立工程成本明细分类账户、归集和分配生产费用以及正确计算工程成本的前提。

成本核算对象主要根据企业生产的特点与成本管理上的要求确定。由于建筑产品的多样性和设计、施工的单件性，在编制施工图预算、制订成本计划以及与建设单位结算工程价款时，都是以单位工程为对象。因此，按照财务制度规定，在成本核算中，施工项目成本一般应以独立编制施工图预算的单位工程为成本核算对象，但也可以按照承包工程项目的规模、工期、结构类型、施工组织和现场情况等，结合成本管理要求，灵活划分成本核算对象。一般说来有以下几种划分核算对象的方法。

①一个单位工程由几个施工单位共同施工时，各施工单位都应以同一单位工程为成本核算对象，各自核算自行完成的部分。

②规模大、工期长的单位工程，可以将工程划分为若干部位，以分部位的工程作为成本核算对象。

③同一建设项目，由同一施工单位施工，并在同一施工地点，属于同一建设项目的各个单位工程合并作为一个成本核算对象。

④改建、扩建的零星工程，可根据实际情况和管理需要，以一个单项工程为成本核算对象，或将同一施工地点的若干个工程量较少的单项工程合并作为一个成本核算对象。

（二）项目成本核算的要求

项目成本核算的基本要求如下。

第一，项目经理部应根据财务制度和会计制度的有关规定，建立项目成本核算制，明确项目成本核算的原则、范围、程序、方法、内容、责任及要求，并设置核算台账，记录原始数据。

第二，项目经理部应按照规定的时间间隔进行项目成本核算。

第三，项目成本核算应坚持三同步的原则。项目经济核算的三同步是指统计核算、业务核算、会计核算三者同步进行。统计核算即产值统计，业务核算即人力资源和物质资源的消耗统计，会计核算即成本会计核算。根据项目形成的规律，这三者之间必然存在同步关系，即完成多少产值、消耗多少资源、发生多少成本，三者应该同步，否则项目成本就会出现盈亏异常。

第四，建立以单位工程为对象的项目生产成本核算体系，是因为单位工程是施工企业的最终产品（成品），可独立考核。

第五，项目经理部应编制定期成本报告。

二、项目成本核算的方法

（一）建筑工程项目成本核算的信息关系

建筑工程项目成本核算需要各方面提供信息。

（二）建筑工程项目成本核算的工作流程

建筑工程项目成本核算的工作流程是：预算→降低成本计划→成本计划→施工中的核算→竣工结算。

三、项目成本核算的过程

成本的核算过程，实际上也是各成本项目的归集和分配的过程。成本的归集是指通过一定的会计制度，以有序的方式进行成本数据的搜集和汇总；而成本的分配是指将归集的间接成本分配给成本对象的过程，也称间接成本的分摊或分派。

工程直接费在计算工程造价时可按定额和单位估价表直接列入，但是在项目较多的单位工程施工情况下实际发生时却有相当一部分的费用也需要通过分配方法计入。间接成本一般按一定标准分配计入成本核算对象——单位工程。核算的内容如下。

①人工费的归集和分配；

②材料费的归集和分配；

③周转材料的归集和分配；

④结构件的归集和分配；

⑤机械使用费的归集和分配；

⑥施工措施费的归集和分配；

⑦施工间接费的归集和分配；

⑧分包工程成本的归集和分配。

四、建筑工程项目成本会计的账表

项目经理部应根据会计制度的要求，设立核算必要的账户，进行规范的核算。首先应建立三本账，再由三本账编制施工项目成本的会计报表，即四表。

（一）三账

三账包括工程施工账、其他直接费账和施工间接费账。

1.工程施工账

用于核算工程项目进行建筑安装工程施工所发生的各项费用支出，是以组成工程项目成本的成本项目设专栏记载的。

工程施工账按照成本核算对象核算的要求，又分为单位工程成本明细账和工程项目成本明细账。

2.其他直接费账

先以其他直接费费用项目设专栏记载，月终再分配计入受益单位工程的成本。

3.施工间接费账

用于核算项目经理部为组织和管理施工生产活动所发生的各项费用支出，以项目经理部为单位设账，按间接成本费用项目设专栏记载，月终再按一定的分配标准计入受益单位工程的成本。

（二）四表

四表包括在建工程成本明细表、竣工工程成本明细表、施工间接费表和工程项目成本表。

1.在建工程成本明细表

要求分单位工程列示，以组成单位工程成本项目的三本账汇总形成报表，账表相符，按月填表。

2.竣工工程成本明细表

要求在竣工点交后，以单位工程列示，实际成本账表相符，按月填表。

3.施工间接费表

要求按核算对象的间接成本费用项目列示，账表相符，按月填表。

4.工程项目成本表

该报表属于工程项目成本的综合汇总表，表中除按成本项目列示外，还增加了工程成本合计、工程结算成本合计、分建成本、工程结算其他收入和工程结算成本总计等项，综合了前三个报表，汇总反映项目成本。

第六节 建筑工程项目成本分析与考核

一、项目成本分析概要

（一）项目成本分析的概念

项目成本分析，就是根据统计核算、业务核算和会计核算提供的资料，对项目成本的形成过程和影响成本升降的因素进行分析，以寻求进一步降低成本的途径（包括项目成本中的有利偏差的挖潜和不利偏差的纠正）。另外，通过成本分析，可从账簿、报表反映的成本现象看清成本的实质，从而增强项目成本的透明度和可控性，为加强成本控制，实现项目成本目标创造条件。由此可见，项目成本分析，也是降低成本、提高项目经济效益的重要手段之一。

（二）项目成本分析的作用

①有助于恰当评价成本计划的执行结果。

②揭示成本节约和超支的原因，进一步提高企业管理水平。

③寻求进一步降低成本的途径和方法，不断提高企业的经济效益。

（三）项目成本分析的内容

一般来说，项目成本分析主要包括以下三种方法。

1.随着项目施工的进展而进行的成本分析

①分部分项工程成本分析；

②月（季）度成本分析；

③年度成本分析；

④竣工成本分析。

2.按成本项目进行的成本分析

①人工费分析；

②材料费分析；

③机具使用费分析；

④措施费分析；

⑤间接成本分析。

3.针对特定问题而与成本有关事项的分析

①成本盈亏异常分析；

②工期成本分析；

③资金成本分析；

④质量成本分析；

⑤技术组织措施、节约效果分析；

⑥其他有利因素和不利因素对成本影响的分析。

一般来说，项目成本分析的内容主要包括以下几个方面。

第一，人工费用水平的合理性；

第二，材料、能源利用效果；

第三，机械设备的利用效果；

第四，施工质量水平的高低；

第五，其他影响项目成本变动的因素。

二、项目成本分析的依据

施工成本分析，就是根据会计核算、业务核算和统计核算提供的资料，对施工成本的形成过程和影响成本升降的因素进行分析，以寻求进一步降低成本的途径。另外，通过成本分析，可从账簿、报表反映的成本现象看清成本的实质，从而增强项目成本的透明度和可控性，为加强成本控制，实现项目成本目标创造条件。

（一）会计核算

会计核算主要是价值核算。会计是对一定单位的经济业务进行计量、记录、分析和检查，做出预测，参与决策，实行监督，旨在实现最优经济效益的一种管理活动。由于会计记录具有连续性、系统性、综合性等特点，所以是施工成本分析的重要依据。

（二）业务核算

业务核算是各业务部门根据业务工作的需要而建立的核算制度，它包括原始记录和计算登记表，如单位工程及分部分项工程进度登记，质量登记，工效、定额计算登记，物资消耗定额记录，测试记录等。业务核算的范围比会计、统计核算要广，会计和统计核算一般是对已经发生的经济活动进行核算，而业务核算不但可以对已经发生的，还可以对尚未发生或正在发生的经济活动进行核算，看是否可以做，是否有经济效果。它的特点是，对个别的经济业务进行单项核算。业务核算的目的，在于迅速取得资料，在经济活动中及时采取措施进行调整。

（三）统计核算

统计核算是利用会计核算资料和业务核算资料，把企业生产经营活动客观现状的大量数据，按统计方法加以系统整理，表明其规律性。它的计量尺度比会计宽，可以用货币计算，也可以用实物或劳动量计量。它通过全面调查和抽样调查等特有的方法，不仅能提供绝对数指标，还能提供相对数和平均数指标，可以计算当前的实际水平，确定变动速度，可以预测发展的趋势。

三、项目成本分析的方法

项目成本分析的基本方法包括比较法、因素分析法、差额计算法和比率法等。

（一）比较法

比较法，又称“指标对比分析法”，就是通过技术经济指标的对比，检查目标的完成情况，分析产生差异的原因，进而挖掘内部潜力的方法。这种方法，具有通俗易懂、简单易行、便于掌握的特点，因而得到了广泛的应用，但在应用时必须注意各技术经济指标的可比性。比较法的应用，通常有以下三种形式。

①将实际指标与目标指标对比。

②本期实际指标与上期实际指标对比。

③与本行业平均水平、先进水平对比。

（二）因素分析法

因素分析法又称连环置换法。这种方法可用来分析各种因素对成本的影响程度。在进行分析时，首先要假定众多因素中的一个因素发生了变化，而其他因素不变，然后逐个替换，分别比较其计算结果，以确定各个因素的变化对成本的影响程度。因素分析法的计算步骤如下。

第一，确定分析对象，并计算出实际与目标数的差异。

第二，确定该指标是由哪几个因素组成的，并按其相互关系进行排序（排序规则是：先实物量，后价值量；先绝对值，后相对值）。

第三，以目标数为基础，将各因素的目标数相乘，作为分析替代的基数。

第四，将各个因素的实际数按照上面的排列顺序进行替换计算，并将替换后的实际数保留下来。

第五，将每次替换计算所得的结果，与前一次的计算结果相比较，两者的差异即为该因素对成本的影响程度。

第六，各个因素的影响程度之和，应与分析对象的总差异相等。因素分析法是把项目成本综合指标分解为各个相关联的原始因素，以确定指标变动的各因素的影响程度。它可以衡量各项因素影响程度的大小，以查明原因，改进措施，降低成本。

四、综合成本分析和项目专项成本分析

（一）综合成本的分析方法

所谓综合成本，是指涉及多种生产要素，并受多种因素影响的成本费用，如分部分项工程成本，月（季）度成本、年度成本等。由于这些成本都是随着项目施工的进展而逐步形成的，与生产经营有着密切的关系。因此，做好上述成本的分析工作，无疑将促进项目的生产经营管理，提高项目的经济效益。

1.分部分项工程成本分析

分部分项工程成本分析是施工项目成本分析的基础。分部分项工程成本分析的对象为已完成分部分项工程。分析的方法是：进行预算成本、目标成本和实际成本的“三算”对比，分别计算实际偏差和目标偏差，分析偏差产生的原因，为今后的分部分项工程成本寻求节约途径。

分部分项工程成本分析的资料来源是：预算成本来自投标报价成本，目标成本来自施工预算，实际成本来自施工任务单的实际工程量、实耗人工和限额领料单的实耗材料。

由于施工项目包括很多分部分项工程，不可能也没有必要对每一个分部分项工程进行成本分析。但是，对于那些主要分部分项工程必须进行成本分析，而且要做到从开工到竣工进行系统的成本分析。这是一项很有意义的工作，因为通过主要分部分项工程成本的系统分析，可以基本了解项目成本形成的全过程，为竣工成本分析和今后的项目成本管理提供一份宝贵的参考资料。

2.月（季）度成本分析

月（季）度成本分析，是施工项目定期的、经常性的中间成本分析。对于具有一次性特点的施工项目来说，有着特别重要的意义。因为通过月（季）度成本分析，可以及时发现问题，以便按照成本目标指定的方向进行监督和控制，保证项目成本目标的实现。

月（季）度成本分析的依据是当月（季）的成本报表。分析的方法通常有以下几种：

①通过实际成本与预算成本的对比；

②通过实际成本与目标成本的对比；

③通过对各成本项目的成本分析，可以了解成本总量的构成比例和成本管理的薄弱环节；

④通过主要技术经济指标的实际与目标对比，分析产量、工期、质量、“三材”节约率、机械利用率等对成本的影响；

⑤通过对技术组织措施执行效果的分析，寻求更加有效的节约途径；

⑥分析其他有利条件和不利条件对成本的影响。

3.年度成本分析

企业成本要求一年结算一次，不得将本年成本转入下一年度。而项目成本则以项目的寿命周期为结算期，要求从开工、竣工到保修期结束连续计算，最后结算出成本总量及其盈亏。由于项目的施工周期一般较长，除进行月（季）度成本核算和分析外，还要进行年度成本的核算和分析。这不仅是为了满足企业汇编年度成本报表的需要，也是项目成本管理的需要。因为通过年度成本的综合分析，可以总结一年来成本管理的成绩和不足，为今后的成本管理提供经验和教训，从而对项目成本进行更有效的管理。

年度成本分析的依据是年度成本报表。年度成本分析的内容，除了月（季）度成本分析的六个方面以外，重点是针对下一年度的施工进展情况规划切实可行的成本管理措施，以保证施工项目成本目标的实现。

4.竣工成本的综合分析

凡是有几个单位工程而且是单独进行成本核算（成本核算对象）的施工项目，其竣工成本分析应以各单位工程竣工成本分析资料为基础，再加上项目经理部的经营效益（如资金调度、对外分包等所产生的效益）进行综合分析。如果施工项目只有一个成本核算对象（单位工程），就以该成本核算对象的竣工成本资料作为成本分析的依据。

单位工程竣工成本分析，应包括以下三方面的内容。

①竣工成本分析。

②主要资源节超对比分析。

③主要技术节约措施及经济效果分析。通过以上分析，可以全面了解单位工程的成本构成和降低成本的来源，对今后同类工程的成本管理有一定的参考价值。

（二）项目专项成本的分析方法

1.成本盈亏异常分析

检查成本盈亏异常的原因，应从经济核算的“三同步”入手。因为，项目经济核算的基本规律是：在完成多少产值、消耗多少资源、发生多少成本之间，有着必然的同步关系。如果违背这个规律，就会发生成本的盈亏异常。

2.工期成本分析

工期成本分析，就是计划工期成本与实际工期成本的比较分析。

3.资金成本分析

资金与成本的关系，就是工程收入与成本支出的关系。根据工程成本核算的特点，工程收入与成本支出有很强的配比性。在一般情况下，都希望工程收入越多越好，成本支出越少越好。

4.技术组织措施执行效果分析

技术组织措施必须与工程项目的工程特点相结合，技术组织措施有很强的针对性和适应性（当然也有各工程项目通用的技术组织措施）。计算节约效果的方法一般按以下公式计算：

措施节约效果=措施前的成本－措施后的成本

对节约效果的分析，需要联系措施的内容和执行过程来进行。

5.其他有利因素和不利因素对成本影响的分析

五、项目成本考核

（一）项目成本考核的概念

项目成本考核，是指对项目成本目标（降低成本目标）完成情况和成本管理工作业绩两方面的考核。这两方面的考核，都属于企业对项目经理部成本监督的范畴。应该说，成本降低水平与成本管理工作之间有着必然的联系，又受偶然因素的影响，但都是对项目成本评价的一个方面，都是企业对项目成本进行考核和奖罚的依据。

项目的成本考核，特别要强调施工过程中的中间考核，这对具有一次性特点的施工项目来说尤其重要。

（二）项目成本考核的内容

1.企业对项目经理考核的内容

①项目成本目标和阶段成本目标的完成情况；

②建立以项目经理为核心的成本管理责任制的落实情况；

③成本计划的编制和落实情况；

④对各部门、各作业队和班组责任成本的检查和考核情况；

⑤在成本管理中贯彻责、权、利相结合原则的执行情况。

2.项目经理对所属各部门、各作业队和生产班组考核的内容

（1）对各部门的考核内容

本部门、本岗位责任成本的完成情况，本部门、本岗位成本管理责任的执行情况。

（2）对各作业队的考核内容

对劳务合同规定的承包范围和承包内容的执行情况，劳务合同以外的补充收费情况，对班组施工任务单的管理情况以及班组完成施工任务后的考核情况。

（3）对生产班组的考核内容（平时由作业队考核）

以分部分项工程成本作为班组的责任成本。以施工任务单和限额领料单的结算资料为依据，与施工预算进行对比，考核班组责任成本的完成情况。

第五章

工程施工项目质量管理

第一节 施工项目质量管理概述

一、项目管理与工程监理之间的关联

项目管理学会（PMI）项目管理知识体系（PMBOK）是对项目管理专业知识所做的一个总结，它把项目管理划分为9个知识领域，即范围管理、时间管理、成本管理、质量管理、人力资源管理、沟通管理、采购管理、风险管理和综合管理。国际标准化组织（ISO）以PMBOK为框架提出了“项目管理质量指南”（ISO10006），成为ISO9000族中重要的支持性技术指南。据悉，我国的项目管理知识体系目前也正在制定之中。目前，我国的大型工程建设普遍实行了监理制。通过将美国项目管理学会（PMI）项目管理知识体系（PMBOK）的基本内容与工程监理的主要职责进行关联比较，笔者认为工程监理是现代项目管理的一种重要的表现形式，工程监理的工作职责中包含着现代项目管理学的基本内涵。我国监理工程师是独立的第三方，业主、承包商和监理所形成的三角形并不是等边的，通常的情况是监理必定向业主倾斜，接受业主的委托进行工作。工程监理的主要工作内容是“三控制二管理”，即对工程项目的质量、进度和费用等过程实施控制，同时对项目合同和信息等进行管理。从本书的分析中可以看出，PMBOK的基本内容与工程监理的工作内容有着紧密的关联。信息系统建设中的工程监理十分注意抓好对系统需求的分析，目的是首先弄清系统该做什么，不做什么；严格为业主把好系统功能模型、信息模型的关口，为系统的进一步实施打好基础。项目范围管理的首要任务是确定并控制哪些工作内容应该包含在项目范畴内，并对其他项目管理过程起指导作用。从项目管理科学来看，项目生命周期的第一阶段始于识别需求、问题或机会，终于需求建议书（RFP）的发布。准备RFP的目的就是从业主的角度，全面、详细地论述为了满足需求需要做什么准备，要清晰地定义出项目目标，项目目标必须明确、可行、具体及可以度量，并与有关方面一致。PMBOK将项目范围管理分成启动、范围计划、范围界定、范围核实、范围变化控制五个阶段。在范围界定过程中，通过将项目目标和工作内容分解为易于管理的几部分或几个细目，以助于确保找出完成项目工作范围所需的所有工作要素。工作细分结构（WBS）可以更加明确项目的工作内容，它不仅定义了工作内容，同时也定义了工作任务之间的关系，明确了工作界面。项目的WBS其实是从事任何工作的人对工作计划、进度、费用、技术状态进行部署和跟踪控制等管理活动的基础。在信息系统建设过程中，人们常用数据流图、功能层次图、业务流程图等表示系统的功能模型，它们是从不同角度对系统功能模型的表达。而WBS则可以理解为是一种以管理为导向的系统功能模型，它有更丰富的内涵和外延。WBS是项目管理的核心工具，项目的计划、进度、成本、技术状态、资源配置、合同等方面的管理都离不开项目的WBS，它的建立必须注意体现项目本身的特点和项目组织管理方式的特色，并注意其整体性、系统性、层次性和可追溯性原则。WBS技术有力地支持了信息系统建设中的项目管理，是项目团队中管理人员必须具备的基本知识。

二、关于质量管理比较

在信息系统建设中，监理工程师经常把系统质量控制当作头等大事来抓，从ISO9000质量保证体系的高度来控制和规范项目团队中各方的行为。PMBOK在介绍有关项目质量管理的内容中指出，这一部分论述的质量管理的基本方案旨在与国际标准化组织在ISO9000和ISO10006质量体系标准与指南中提出的方案中相一致。因此，项目管理与工程监理在质量管理方面的指导思想是完全一致的，ISO9000与ISO10006相互支持，相得益彰。项目管理的基本内涵与工程监理的工作职责是基本一致的。项目管理还有着自身更为丰富的管理内容，如风险管理、沟通管理、人力资源管理、采购管理和综合管理等方面，这些常常体现了项目的外部环境，它们与监理工作的合同管理、信息管理、协调项目团队等职责有某种程度上的一定交叉，只是项目管理有着更全面、丰富的知识体系，而实际上，这也正是在接受业主委托的条件下，为工程监理工作提供的更加丰富的工作内容。

第二节　工程质量控制与监理工作

一、承建方对项目监理咨询的建议

质量好坏是工程项目成败的一大重要指标。对于信息工程项目来讲也是如此，假如实施一个社区服务系统项目，一旦此系统的质量出了问题，可能会影响使用单位的正常办公和社区公民的正常生活，甚至导致单位的经济损失。监理方如果能够及时对信息工程的质量进行检测和控制，工程失败的概率会小很多。随着社会的信息化进程的加快，项目监理咨询在国内应运而生。但毕竟这是一新生事物，所以必然存在这样那样的缺陷。目前，国家关于信息工程监理单位资质考核也还没有一个统一的规章制度，进入门槛比较低，导致信息咨询公司在技术实力、行业熟悉度、项目咨询方法方式等方面存在较大的差异。监理方最好是从工程项目进行招投标的阶段就开始介入，至少也应该从需求分析的第一阶段开始介入，而不是到需求确认的阶段甚至项目已经开始实施阶段才介入。监理方应该在业主和承建方进行沟通之前，根据自己以往需求分析时可能会碰到的问题向业主和承建方讲清楚，协助承建方与客户交流，这样能够更好地帮助用户提出自己的需求，而承建方也能够更好地理解用户的需求。一个项目或多或少存在失败的风险，这就要求业主、承建方、监理方相互配合，及时地发现产生风险的各种因素，从而达到对风险事前进行有效的规避，在项目进行过程中也应该根据项目的进展情况和外部因素综合考虑分析风险情况，对风险进行有效的事中控制，以此来增强整个项目组的抗风险能力和免疫力。承建方不希望监理方越权介入或者过多介入，毕竟信息工程项目实施失败责任最大的是承建方。监理方应该给承建方足够的自由度和空间来完成好工程任务。这就要求监理方在介入项目之前要和业主、承建方讨论，界定各自的权利和义务范围，并成文，三方签字进行确认。

二、分公司对项目监理工作的管理

根据工程的特点和具体情况，根据分公司对总监的专长、性格、思想方法、敬业精神等方面的了解，针对监理工程用其所长，精心挑选总监，总监再组班子。总监及项目监理部人员一经确定，基本上就可知该工程监理效果的大概了（60%～80%），所以项目部的组建是搞好项目监理的基础性工作。在此需说明，监理人员要相对稳定不能流动性太大。从总公司调遣过来的监理人员在上岗之前先安排在较成熟的工地适应环境，了解地方相关政策、法规、文件，待掌握了新的知识后再开展具体的工作。监理资料是项目监理的工作记录，从中体现了监理的工作程序、内容与管理水平。分公司应对监理资料的形成与归档进行规范化管理。通过抓监理资料，促进项目监理工作，能起到纲举目张的效果。监理人员水平有较大差异，不同时期政府对监理行业的管理深度及要求有所不同，分公司应根据实际工作需要及时出台相关文件并组织学习培训，指导项目监理工作。通过这一措施，能迅速提高监理人员的工作能力，适应新形势下监理工作的要求。公司不定期对工程项目进行检查，及时发现各项目监理工作中存在的问题，促进项目监理工作水平的提高。组织不定期的总监互检，各总监既是检查者，又是被检查者，起到了互相学习、互相促进的作用。通过巡检与互检，使动态的项目监理工作在公司的控制之中，并可发现共性问题及特殊问题，召开总监研讨会研究解决办法。对于共性问题形成文件，在今后的工程中予以预控；对个性问题通过讨论得到共同提高和解决。定期召开总监会，对各项目现场管理动态、合同履行动态及员工的思想动态及时汇总，对存在的问题进行研讨，集思广益，好的经验进行推广，困难及时向总部反映。项目监理工作完成以后，分公司根据对每个项目监理工作的历次检查、验收情况的记录，对每个项目的监理工作进行综合考评。同时也是对总监工作水平的考评。通过考评，起到激励先进，促进落后的效果，不断地提高项目监理工作的水平。

三、混合型监理模式利弊与建议

工程建设监理是市场经济的产物，是智力密集型的社会化、专业化的技术服务。实践证明，在建设领域，实行工程建设监理制正是实现两个带有全局性根本转变的有效途径，是搞好工程建设的客观需要。混合型监理模式，即业主或建设单位（以下统称为建设方）与社会监理单位相结合进行监理的模式。建设方可能是官员，也可能是投资者。其具体表现为以下三方面。

第一，建设方自行组建总监办公室或总监代表处，一般附属于带有行政管理性质的工程建设指挥部，或者只是指挥部的一个职能部门，而分管合同段的驻地监理办公室则委托专业性的社会监理单位组建。

第二，社会监理单位主要承担或只承担质量监理，进度监理、费用监理和合同管理等由建设方（或主要由建设方）直接控制。

第三，建设方办事机构中仍设置较庞大的管理部门，并派出人员直接参与现场监督或监理工作。驻地监理服从各级指挥部和建设方指派的监理机构和人员的管理。

社会监理完全从属于建设方。这种混合型监理模式从根本上讲与工程建设监理的本质内涵不同，监理方不具备FIDIC合同条款所规定的独立性、公正性。在很大程度上仍然体现建设方自行管理工程的模式。由于建设方的现场管理人员（指挥部人员）及其所派监理人员大都并非专业监理人员，有些只不过是一般行政人员，往往不能严格按合同文件（含技术规范）办事，因而监理的科学化、规范化就难以做到。这种模式之所以普遍存在，究其根源主要有四点。

首先，建设方对工程建设监理制的认知有偏差。监理方式的采用一般由建设方决定。受计划经济的影响，他们习惯于亲自出马，不愿“大权旁落”，尤其不能将费用、进度监控等权力委托出去；认为社会监理人员毕竟是“外人”，是“雇员”，是技术人员，只能执行领导的决定、指示，不能接受建设方、承包方、监理方“三足鼎立”的局面；认为社会监理不能独立执行监理业务，必须加强监督，因而必须直接参与现场管理。

其次，业主项目法人责任制未积极有效地落实。在市场经济体制下，业主应当是独立自主的项目法人，拥有建设管理权力，对工程的功能、质量、进度和投资负责。但许多地方并没有积极推行业主项目法人责任制，或没有给“业主”下放建设管理的全部权力。这样的“业主”当然责任不大，因而，他并非觉得需要将工程项目建设委托社会监理单位实施监理。但为了立项，又不得不遵照有关规定委托监理，于是便采取混合型监理模式。

再次，建设方还不习惯利用高智能密集、专业化的咨询服务，不适应社会分工越来越细的要求。

最后，监理人员综合水平还不高。监理人员应具有扎实的理论基础和丰富的施工管理经验，既有深厚的技术知识，又有相应的经济、法律知识，善于进行合同管理。

然而，现阶段监理人员的综合水平还不高，信誉、地位也不高。目前，监理人员的一个共同弱点是都比较缺乏合同管理、组织协调的能力。综合水平不高决定着他们在一定的程度上不具备全方位、全过程监理并成为工程活动核心的能力，不能够完全让建设方放心。混合型监理模式在计划经济向社会主义市场经济转变过程中，在推行社会监理制的初期阶段有一定的必然性和必要性。首先，当前社会监理单位的实力、监理人员的素质、合同、法律意识、组织协调能力、控制工程行为的水平与工程建设监理制度的要求还有很大差距。承包人对其接受程度、信任程度还不十分高。

在这种情况下采取混合型的监理模式，建设方在一定程度上介入现场管理或部分地进行监理，给社会监理以必要的适当的支持，可部分弥补社会监理本身的不足，若操作得当，将有利于树立监理人员的权威。另外，虽然总监办公室、总监代表处由建设方组建，只要给予他们相对的独立性，与社会监理单位组建的驻地监理办公室在职能与分工上明确，并在一定程度上形成整体，作为独立的第三方，也比较容易与建设方沟通。

这种监理模式具有明显的弊端：第一，与现行法规不符。承担公路工程施工监理业务的单位，必须是经交通主管部门审批，取得公路工程施工监理资格证书、具有法人资格的监理组织，按批准的资质等级承担相应的监理业级。总监（或其代表）也并不属于哪家具有法人资格的社会监理单位。同时，项目法人组织要精干。建设监理工作要充分发挥咨询、监理、会计师和律师事务所等各类社会中介组织的作用。这不仅肯定了中介组织的作用，而且明确了项目法人组织运作的原则。第二，不利于提高项目管理水平。据了解，目前很多的总监办（或代表处）的工作人员，是建设方临时从各地方、各部门抽调组建的，他们有的来自区、县养路部门，有的甚至第一次接触FIDIC条款，由他们组成上级监理机构来领导专业化的社会监理单位派出的机构，是不能够充分发挥社会监理单位在“三控两管一协调”方面较成熟、较富经验的专业化水平。将社会监理人员降低为一般施工监督员，无法在合同管理上发挥其应有作用，项目管理水平也无法向高层次发展。遵循国际惯例的工程监理，重要的一点就是要确立监理工程师在项目管理中的核心地位。FIDIC监理模式是一个严密的体系，三大控制是一有机整体，相辅相成。只委托质量监理，实际上是很难控制质量的。这种模式也不利于建设方从具体的事务中解脱出来，进而将重点放在为项目顺利进行创造条件、资金筹措、协调关系，以及对项目实施进行宏观控制。第三，职责不清。这种模式的监理机构是由两个性质不同的单位组建的，一方是建设方，另一方是社会监理单位。它们在业务上又是从属关系或交叉关系，一旦有失，无法追究法律责任，即便是道义责任，也会由于互相依赖、互相推诿而难以分清。除非是明显的个人失误。第四，权力分散。层次一多，权力便分散。不能政出一家，特别是意见不统一时，往往造成内耗，承包人也无所适从，有时还易于让承包人钻空子。第五，效率低。混合型的监理模式在很大程度上破坏了监理工程师作为独立公正的第三方的身份，使监理工作本身的关系复杂化。缺乏一致性，手续增多，造成办事效率不高。而在施工过程中随时都有新情况、新问题出现，它们亟须得到及时处理，否则将贻误时机，影响工程进展，对承包人也是不利的。第六，不利于将社会监理进一步推向市场。这种模式不利于建立一个真正由建设方、承包方、监理方三元主体的管理体制和以合同为纽带，以建设法规为准则，以三大控制为目标的社会化、专业化、科学化、开放型管理工程的新格局。

在深度和广度上制约了社会监理单位的权力和管理水平的提高，也阻碍了我国工程建设与国际接轨的进程。鉴于目前建设市场正逐步趋向成熟，社会监理已有相当的经验，市场法规也比较配套，为更有力、更全面地推行工程建设监理体制，提出如下建议。

（一）摆脱行政手段管理工程的模式，放手让监理工作

不再采用计划经济时期沿用的、以政府官员为首的工程指挥部的管理模式，也不设立以政府官员或业主人员为首的总监及相应机构。还监理权于合格的社会监理单位及其派出的机构和人员，使社会监理单位及其工程师充分负起合同规定的责任，享有合同规定的职权。充分利用其独立性和公正性，以合同及有关法规制约承包人和监理工程师，业主也同时受到相应的约束。运用法律、经济手段管理工程，保证合同规定的工期、质量、费用的全面实现。完善招投标制度，全面落实项目法人制度，完善合同文件，提高各方的合同意识、法律意识。

（二）维护合同文件的法律性

建设方要求保质（或优质）、按期（或提前）完成工程，这是正常的，但应当在招标文件中考虑进去，在签合同时就把意图作为正式要求写进合同文件，规定相应制约或奖惩条款，并在施工过程中严格执行，没有必要另行采取行政手段，在合同之外下达各种指令。应当指出，在施工中，在合同之外由建设方单方面另行颁发的惩罚办法是无法律效力的；提出高于合同文件的质量要求或提前工期，未经承包人同意，在法律上也是无效的；即使同意，承包人也有权提出相应的补偿。这样便增加了监理工作的难度，有时还使监理处于非常尴尬的境地。

（三）在选择监理单位时，对监理人员素质的要求宜从高、从严

在签订监理服务协议书时，既要给予监理工程师以充分的权力，也要规定有效的制约措施；在监理服务费上不要抠得太紧，保证监理人员享有比较优厚的待遇，有较强的检测手段，同时也使监理单位有较好的经济效益，具有向高层次、高水平发展的财力。避免监理人员“滥竽充数”，监理单位“薄利多销”。消除无资格、越级承担监理业务现象。

（四）建设方应充分发挥自己的宏观调控作用

工程建设是一个复杂的过程，涉及工程技术、科学管理、施工安全、环境保护、经济法律等一系列问题，因此建设方的项目管理人员对项目建设只能进行宏观调控，保留重大事项的审批权（如重大的工程变更、影响较大的暂停施工、返工、复工、合同变更等），对于日常的监理工作，不宜直接介入，只对监理行为进行监督，支持监理工程师的工作。注意工作方法，在遇到工程中的缺陷时不宜不分青红皂白，对监理工程师和承包人“各打五十大板”。要明确承包人对工程质量等负有全部法律和经济的责任。对工程施工的有关指示，一般应通过监理工程师下达，纯属建设方职能的除外。保护监理工程师，只有对于监理工程师的错误指示和故意延误，才依照监理协议使其承担责任。当监理工程师的权威性受到影响时，应出面支持其正确决定，使监理工程师真正成为施工现场的核心，而不要人为地制造多中心。

（五）合理地委托监理业务

在目前情况下，可委托资质高的社会监理单位总承担全部监理业务，对于其中的某些专业性很强的工作（例如交通工程设施等），可允许其再委托另外的社会监理单位承担（征得建设方的同意）；也可委托若干个社会监理单位分别承担设计、施工等阶段的监理任务。

四、监理工程师的责任风险与防范机制

由于监理工程师本身专业技能水平的不同，在同样的工作范围及权限内，不同水平的监理工程师所提供的咨询服务质量会有很大差别。监理工程师的专业技能差别表现在两个方面：一是专业技术水平与工程实践的差别；二是本身工作协调能力的差别。监理工程师的工作能力在很大程度上体现在协调方面，即协调参与工程建设的各方技术力量，使其能力得到最大限度的发挥。同样的工作可能做得很认真，也可能做得较为马虎。工作成效的好坏与自身的主观能动性有关，很难用定量指标去衡量。监理工程师的主观能动性主要来自自我约束以及业主的支持，业主与监理工程师的相互信任与诚意，会大大激发监理工程师的主观能动性。监理的服务质量与水平最终是由监理机构的整体服务来体现的，是多专业配合协调的技术服务，其中总监对监理机构内部的领导组织与协调水平至关重要。只有在监理机构内部设立人员职责分工明确、沟通渠道有效的管理模式，只有整个监理机构有效地运行，监理效果才能体现出来。监理工程师工作的对象和内容客观上决定了监理工程师需要担负非常大的责任。因为工程项目投资巨大，和社会公众的切身利益密切相关，一旦发生危害，就会造成巨大的财产损失和人员伤亡等重大事故。

此外，工程质量的好坏和造价的高低以及建设周期的长短都和社会公众利益密切相关。随着社会的进步和公民法律意识的增强，监理工程师承担的法律责任也在逐步增加。从上述监理工作的特征可以看出，监理工程师承担的责任风险可归纳为：行为责任风险、工作技能风险、技术资源风险、管理风险、社会环境风险。行为责任风险来自三个方面：一是监理工程师超出业主委托的工作范围，从事了自身职责外的工作，并造成了工作上的损失；二是监理工程师未能正确地履行合同中规定的职责，在工作中因失职行为造成损失；三是监理工程师由于主观上的无意行为未能严格履行职责并造成了损失。由于监理工程师在某些方面工作技能的不足，尽管履行了合同中业主委托的职责，实际上并未发现本该发现的问题和隐患。现代工程技术日新月异，新材料、新工艺层出不穷，并不是每一位监理工程师都能及时准确全面地掌握所有的相关知识和技能的，无法完全避免这一类风险的发生。即使监理工程师在工作中没有行为上的过错，仍然有可能承受一些风险。例如，在混凝土浇筑的施工过程中，监理工程师按照正常的程序和方法，对施工过程进行了检查和监督，并未发现任何问题，但仍有可能在某些部位因振捣不够留有缺陷。这些问题可能在施工过程中无法发现，甚至在今后相当长的时间内也无法发现。众所周知，某些工程上质量隐患的暴露需要一定的时间和诱因，利用现有的技术手段和方法，并不能保证所有问题都及时发现。同时，由于人力、财力和技术资源的限制，监理无法对施工过程的所有部位、所有环节的问题都能及时进行全面细致的检查发现，必然需要面对某一方面的风险。明确的管理目标，合理的组织机构，细致的职责分工，有效的约束机制，是监理组织管理的基本保证。如果管理机制不健全，即使有高素质的人才，也会出现这样或那样的问题。我国加入世界贸易组织后，监理工作与国际接轨，通过市场手段来转移监理工作的责任风险势在必行。监理工程师对因自身工作疏忽或过失造成合同对方或其第三方的损失而承担的赔偿责任投保，赔偿损失由保险公司支付，索赔的处理过程由保险公司来负责。这在国际上是一种通行的做法，对保障业主及监理工程师的利益起到了很好的作用。然而就现阶段而言，监理工程师必须对监理责任风险有一个全面清醒的认识，在监理服务中认真负责，积极进取，谨慎工作，以期有效地消除与防范面临的责任风险。

五、监理企业体制转轨与机制转换

监理企业的体制转轨和机制转换是一个久议未决而又迫切需要解决的重大问题。因为，监理行业的兴衰存亡取决于监理企业是否兴旺发达，目前行业脆弱的原因正是大量的监理企业尚未成为独立的市场竞争主体和法人实体。按照保守的估计，全国 80% 以上的监理企业依附于政府、协会、高等院校、科研院所、勘察设计等单位，这些监理企业作为其“第三产业”或附属物，其生存发展取决于母体的意志，母体单位以行政管理方式调控监理企业的经营管理，导致监理企业缺乏自主经营、自负盈亏、自我积累和自我发展的能力。例如:

某地一家监理企业经营规模名列全国前茅，职工总数1000人，年创监理合同收入达8000万元，但它们的经营者却无法自主经营、无权调动职工、无权分配利润，不仅使监理企业经营者和广大员工积极性受到挫伤，而且造成监理企业始终无法摆脱浅层次、低水平徘徊的尴尬局面。监理企业摆脱困境的根本出路在于改革。监理企业的改革可以分两步走：首先是摆脱母体的羁绊，独立行使民事权力并履行相应的民事责任，成为市场竞争主体和法人实体；其次是积极进行企业的体制转轨和机制转换，加大产权制度改革力度，积极探索建立现代企业制度途径和方式，建立与市场经济发展相适应的企业经营机制。

积极支持企业主管部门与所属监理企业彻底脱钩，按照各自的定位和职能各司其职；政府或企业主管单位作为企业出资人的，要通过出资人代表，按照法定程序对所投资企业实施产权管理，而不是依靠行政权力对企业日常经营活动、对企业经营管理人员的任免进行干预；政府部门要转变传统的管理方式，对不同所有制企业一视同仁；要由微观管理转向宏观调控，直接管理转向间接管理，将管不了管不好的还权于企业或交由其他建筑中介服务机构承办。按照国家所有、分级管理、授权经营、分工监督的原则，实行国有资产行政管理职能与国有资产经营职能的分离。国有资产管理与运营体系可按国有资产管理委员会—国有资产经营机构—国有资本投资的企业的模式进行改革。国有资产管理机构专司国有资产行政管理职能。监理企业母公司经国有资产管理委员会授权，成为国有资产经营主体，并代表政府履行授权范围内的国有资产所有者职能，监督其国有资产投资的监理企业负责国有资产的保值和增值。监理企业要在清产核资、界定产权、明确产权归属基础上，明确所有资本的出资人和出资人代表，出资人以投入企业的资本为限，承担有限责任，并依股权比例享有所有者的资产受益、重大决策和选择管理者等权利，不得直接干预企业的生产经营活动。监理企业享有出资者投资形成的全部企业法人财产权，依法享有资产占有、支配、使用和处分权，建立健全企业的激励机制和约束机制。加强对国有资产运营和企业财务状况的监督稽查。要努力提高资本营运效率、保证投资者权益不受侵害，保证国有资产保值、增值。

六、公司法人治理结构是公司制的核心

严格按民法典建立和完善企业管理体制和运行机制。企业应依法建立决策机构、执行机构和监督机构，明确股东会、董事会、监事会和经理层的职责，形成各负其责、协调运转、有效制衡的法人治理结构。所有者对企业拥有最终控制权。董事会要维护出资人权益，对股东会负责。董事会对公司的发展目标和重大经营活动做出决策，聘任经营者，并对经营者业绩进行考核和评价。监事会对企业财务和董事、经营者行为进行监督。国有控股监理企业的党委负责人可以通过法定程序进入董事会、监事会。董事会和监事会都要有职工代表参加；董事会、监事会、经理层及工会中的党员负责人，可依照党章及有关规定

进入党委会；党委书记和董事长可由一人担任，董事长、总经理原则上应分设。逐步建立适应市场经济要求的企业优胜劣汰、经营者能上能下、人员能进能出、收入能增能减、技术不断创新和国有资产保值增值的机制。建立与现代企业制度相适应的收入分配制度，要在效率优先、兼顾公平的原则指导下，实行董事会、经理层等成员按照各自职责和贡献取得报酬的办法；企业职工工资水平，由企业根据当地社会平均工资和本企业经济效益决定；企业内部实行按劳分配原则，适当拉开差距，允许和鼓励资本、技术等生产要素参与收益分配。监理企业进行体制转轨和机制转换时，应同时考虑企业结构的调整。

企业结构调整包括经营结构和组织结构调整。经营结构调整目的是化解企业在市场经济中的风险，因此必须解决生产经营多元化的问题，从国际发达和发展国家的企业所走过的发展道路来看，单纯经营某一个产品和从事某一个产业是绝无仅有的，因此在从事监理的同时，还必须开拓其他产业和产品，形成企业产品多样化、产业多元化的产业格局。但是，作为一个监理企业必须突出主业，尤其是支柱监理企业资源向其他行业转移应严格限制，以防止因资源的过度转移而削弱监理行业实力。企业组织结构调整核心问题是解决企业内部经营层、管理层和操作层的结构合理化问题。就单体企业而言，内部各层次、各单位之间应严格按照计划机制实行合理有效配置，避免相互之间按照市场规则产生交易行为，否则可能损害企业作为有机体的内在联系。目前监理企业内部各层次存在严重错位，表现在各层次之间、各岗位之间职能相互混淆。因此，首要是解决层次清晰问题，划清职能、明确定位，形成专业组合，技术互补，以发挥企业整体实力和综合优势。

第三节　验收阶段质量控制与索赔

一、施工索赔的作用

工程索赔的健康开展，对于培育和发展建筑市场，促进建筑业的发展，提高工程建设的效益，将起到非常重要的作用。索赔可以促进双方内部管理，保证合同正确、完全履行。索赔的权利是施工合同的法律效力的具体体现，索赔的权利可以对施工合同的违约行为起到制约作用。索赔有利于促进双方加强内部管理，严格履行合同，有助于双方提高管理素质，加强合同管理，维护市场正常秩序。工程索赔的健康开展，能促使双方迅速掌握索赔和处理索赔的方法和技巧，有利于他们熟悉国际惯例，有助于对外开放，有助于对外承包的展开。工程索赔的健康开展，可使双方依据合同和实际情况实事求是地协商调整工程造价和工期，有助于政府转变职能，并使它从烦琐的调整概算和协调双方关系等微观管理工作中解脱出来。工程索赔的健康开展，把原来打入工程报价的一些不可预见费用，改为按实际发生的损失支付，有助于降低工程报价，使工程造价更加合理。

二、施工索赔的分类

工程项目的施工全过程均存在着不确定性风险，因此均可能发生索赔，按其不同角度和立场可将索赔大致分类。

（一）按索赔的当事人分类

1.承包人向发包人索赔

这类索赔发生量最大，一般是关于工程量计算、工程变更、工期、质量和价款的争议。

2.承包人同分包人之间的索赔

这类情况大多是分包人因变更或支付等事项向承包人索赔，类似承包人向发包人索赔。

3.承包人与供应商之间的索赔

大多因为货物交付拖延，质量、数量不符合合同规定；技术指标不合要求；运输损坏等。

4.承包人向保险公司索赔

因承保事项发生而对承包人造成损害时，承包人可据保单规定向保险公司索赔。

5.发包人向承包人索赔

这类索赔在国内一般称为“反索赔”。一般是因为承包人承建项目未达到规定质量标准、工程拖期或安全、环境等引起。由于在施工合同当事人双方中因业主有支付价款的主动权，所以此类索赔往往以扣款、扣除保留金、罚款等方式或以履约保函、投标保函等形式处理。

（二）按索赔的起因分类

1.因合同文件引起的索赔

这类索赔是因合同文件的错误引起的。合同文件的错误是难免的，这些错误有些是无意的，有些是有意设置的。无意错误的后果可能对业主有益，也可能对承包商有益；而有意设置的错误肯定只对自己有益。这类索赔提醒合同管理人员注意审阅合同文件的每个细节，尤其是组成合同文件的各份文件有无矛盾之处。所以西方有经验的索赔专家认为，对于合同管理人员最重要的是“决定什么是错误”。

2.因变更引起的索赔

工程项目在实施时因业主的经济利益而引起的变更现象是常见的，有些变更对工程价款和工期的影响是显而易见的，因此承包商应该适时地提出索赔。

3.因赶工引起的索赔

赶工是指承包商不得不在单位时间内投入比原计划更多的人力、物力与财力进行施工，以加快施工进度。当赶工是由于业主或工程师要求所致，则产生了承包商向业主的索赔。

4.因不利的现场情况索赔

对承包商而言，不可预见的不利现场条件是工程施工中最严重的风险，特别是水文地质条件及其他地下条件。我国的施工合同文本明确规定对现场的地下障碍和文物承包人可据此索赔，而FIDIC合同条件也详细规定了此类索赔的条件和内容。

5.有关付款引起的索赔

这部分索赔事件常见于业主付款迟误、业主对工程变更增加费用的低估、业主扣款等事项。

6.有关拖延引起的索赔

这类拖延常见于业主拖延提供技术资料、工程图纸、验收、材料设备供应等。业主的上述拖延给承包商带来的损失最明显的是工程停顿，其次是工程施工进度放缓。前者最容易确定索赔的范围与数额，后者则最容易引起纠纷。

7.有关错误决定引起的索赔

在工程施工中，业主及工程师的许多决定均在现场做出，这种决定有时是在仓促之间做出的，因此难免与合同规定会有出入，承包商因此可以向业主提出索赔。当然这种索赔的难点在于保留业主或工程师的决定的证据。即使他们的决定是口头的，也要事后予以书面认证，以备不虞。

（三）按索赔的依据分类

1.依据合同的索赔

此类索赔的依据可从合同文件中找到，大多数的索赔属于此类。

2.非依据合同的索赔

索赔的依据难于直接从合同条款中找到，但从整体合同文件或有关法规中能找到依据。此类索赔一般表现为违约赔偿或履约保函的损失等。

3.道义索赔

此类索赔富有人情味，从合同或法规中找不到索赔的依据，但业主因承包商的努力工作和密切合作的精神而感动，同时承包商认为自己有索赔的道义基础，这时道义索赔往往成功。聪明的业主往往不会拒绝承包商的道义索赔要求，尤其是业主需要在市场上树立某种人文道德形象或需继续与承包商合作时。

三、施工索赔程序

发包人未能按合同约定履行各项义务或发生错误以及应由发包人承担责任的其他情况，造成工期延误和（或）承包人不能及时得到合同价款及承包人的其他经济损失，承包人可按下列程序以书面形式向发包人索赔。

①索赔事件发生后28天内，向工程师发出索赔意向书。

②发生索赔意向书后28天内，向工程师提出延长工期和（或）补偿经济损失的索赔报告及有关资料。

③工程师在收到承包人送交的索赔报告和有关资料后，于28天内给予答复，或要求承包人进一步补充索赔理由和证据。

④工程师在收到承包人送交的索赔报告和有关资料后28天内未予答复或未对承包人做进一步要求，视为该项索赔已经认可。

⑤当该索赔事件持续进行时，承包人应当阶段性向工程师发出索赔意向，在索赔事件终了后28天内，向工程师送交索赔报告的有关资料和最终索赔报告。索赔答复程序与③④规定相同。承包人未能按合同约定履行自己的各项义务或发生错误，给发包人造成经济损失，发包人也可按上述程序和时限向承包人提出索赔。

四、索赔证据

在提出索赔要求时，必须提供索赔证据。

（一）索赔证据必须具备真实性

索赔证据必须是在实际实施合同过程中的，完全反映实际情况，能经得住对方推敲。由于在合同实施过程中业主和承包商都在进行合同管理，收集有关资料，所以双方应有内容相同的证据。证据不真实、虚假的证据是违反法律和职业道德的。

（二）索赔证据必须具有全面性

索赔方所提供的证据应能说明事件的全过程。索赔报告中所涉及的问题都有相应的证据，不能零乱和支离破碎。否则对方可退回索赔报告，要求重新补充证据，这样会拖延索赔的解决，对索赔方不利。

（三）索赔证据必须符合特定条件

索赔证据必须是索赔事件发生时的书面文件。一切口头承诺、口头协议均无效。更改合同的协议必须由业主、承包商双方签署，或以会议纪要的形式确定，且为决定性的决议。一切商讨性、意向性的意见或建议均不应算作有效的索赔证据。施工合同履行过程中的重大事件、特殊情况的记录应由业主或工程师签署认可。

（四）索赔证据必须具备及时性

索赔证据是施工过程中的记录或对施工合同履行过程中有关活动的认可，通常，后补的索赔证据很难被对方认可。

五、索赔的依据

以下文件、法规、资料均可作为索赔的依据。

①招标文件、施工合同文本及附件，其他各种签约（如备忘录、修正案等），经认可的工程实施计划、各种工程图纸、技术规范等。这些索赔的依据可在索赔报告中直接引用。

②双方的往来信件。

③各种会谈纪要。在施工合同履行过程中，业主、工程师和承包商定期或不定期的会谈所做出的决议或决定，是施工合同的补充，应作为施工合同的组成部分，但会谈纪要只有经过各方签署后才可作为索赔的依据。

④施工进度计划和具体的施工进度安排。施工进度计划和具体的施工进度安排是工程变更索赔的重要证据。

⑤施工现场的有关文件。如施工记录、施工备忘录、施工日报、工长或检查员的工作日记、工程师填写的施工记录等。

⑥工程照片。照片可以清楚、直观地反映工程具体情况，照片上应注明日期。

⑦气象资料，工程检查验收报告和各种技术鉴定报告。

⑧工程中送（停）电、送（停）水、道路开通和封闭的记录和证明。

⑨官方的物价指数、工资指数。各种会计核算资料。

⑩建筑材料的采购、订货、运输、进场、使用方面的凭据，国家有关法律、法令、政策文件。

六、工程师对索赔文件的处理

索赔文件送达工程师后，工程师应根据索赔额的大小以及对其权限进行判断。若在工程师的权限范围之内，则工程师可自行处理；若超出工程师的权限范围则应呈发包人处理。工程师接到索赔通知后28天内给予批准，或要求承包人进一步补充索赔理由和证据；工程师在28天内未予答复，应视为该项索赔已经认可。因此，工程师应充分考虑这种时限要求，尽快审议研究索赔文件。有时，为了赢得足够的时间，工程师可先行对索赔文件提出质疑，待承包人答复后再行处理。工程师往往会从以下方面对索赔报告提出质疑：

①索赔事件不属于发包人的责任；

②发包人和承包人共同负有责任，要求承包人划分责任，并证明双方的责任大小；

③索赔事实依据不足；

④合同中的免责条款已免除了发包人的责任；

⑤承包人以前已放弃了索赔要求；

⑥索赔事件属于不可抗力事件；

⑦索赔事件发生后，承包人未能采取有效措施减少损失；

⑧损失计算被不适当地夸大。

工程师对上述8个方面提出质疑时，也要出示部分证据，以证明质疑的合理合法性。

第四节　工程质量管理措施与目标

一、工程质量管理

工程质量管理是指为保证和提高工程质量，运用一整套质量管理体系、手段和方法所进行的系统管理活动。广义的工程质量管理，泛指建设全过程的质量管理。其管理的范围贯穿于工程建设的决策、勘察、设计、施工的全过程。一般意义的质量管理，指的是工程施工阶段的管理。它从系统理论出发，把工程质量形成的过程作为整体，全世界许多国家对工程质量的要求，均以正确的设计文件为依据，结合专业技术、经营管理和数理统计，建立一整套施工质量保证体系，才能投入生产和交付使用。用最经济的手段，合乎质量标准，科学的方法，对影响工程质量的各种因素进行综合治理，建成符合标准、用户满意的工程项目。工程项目建设，工程质量管理，要求把质量问题消灭在它的形成过程中，工程质量好与坏，以预防为主，手续完整，并以全过程多环节致力于质量的提高。这就是要把工程质量管理的重点，以事后检查把关为主变为预防、改正为主。组织施工要制定科学的施工组织设计，从管结果变为管因素，把影响质量的诸因素查找出来。发动全员、全过程、多部门参加，依靠科学理论、程序、方法，参加施工人员均不应发生重大伤亡事故。使工程建设全过程都处于受控制状态。

二、工程质量管理的措施

工程质量管理关键是在保证设计质量的前提下，降低成本，以实现计划规定的指标。加强施工过程的质量控制，节约材料和能源。施工质量保证体系由三个基本部分组成。

①施工准备阶段的质量管理。主要包括：图纸的审查，施工组织设计的编制，材料和预制构件、半成品的检验，施工机械设备的检修等。

②施工过程中的质量管理。施工过程是控制质量的主要阶段，这一阶段的质量管理工作主要有：做好施工的技术交底，监督按照设计图纸和规范、规程施工；进行施工质量检查和验收；质量活动分析和实现文明施工。

③工程投产使用阶段的质量管理。这是检验工程实际质量的过程，是工程质量的归宿。投产使用阶段的质量管理有两项：一是及时回访。对已完工程进行调查，将发现的质量缺陷及时反馈，为日后改进施工质量管理提供信息。二是实行保修制度。建立质量保证体系后，依次还有更小的管理循环，还应使其按科学方法运转，而每个环节的各部分又都有各自的PDCA循环，才能达到保证和提高建设工程质量的目的。

工程质量保证体系运转的基本方式是按照计划—实施—检查—处理（PDCA）的管理循环周而复始地运转。它把建设工程形成的多环节的质量管理有机地联系起来，构成一个大循环，才能达到保证和提高建设工程质量的目的。而每个环节的各部分又都有各自的PDCA循环，依次还有更小的管理循环，直至落实到班组、个人，从而形成一个大环套小环的综合循环体系，为日后改进施工质量管理提供信息。不停地运转，每运转一次，对已完工程进行调查，质量提高一步。管理循环不停运转，质量水平也就随之不断提高。

三、工程质量管理的目标和意义

工程质量管理的目标是使工程建设质量达到全优。在中国，称为全优工程，即质量好、工期短、消耗低、经济效益高、施工文明和符合安全标准。施工过程是控制质量的主要阶段，全优工程的具体检查评定标准包括六个方面。

①达到国家颁发的施工验收规范的规定和质量检验评定标准的质量优良标准。

②必须按期和提前竣工，交工符合国家规定。材料和预制构件、半成品的检验，凡甲乙双方签订合同者，以合同规定的单位工程竣工日期为准；未签订合同的工程，主要包括：图纸的审查，以地区主管部门有关建筑安装工程工期定额为准。

③工效必须达到全国统一劳动定额，材料和能源要有节约，降低成本要实现计划规定的指标。

④严格执行安全操作规程，使工程建设全过程都处于受控制状态。参加施工人员均不应发生重大伤亡事故。

⑤坚持文明施工，保持现场整洁，把影响质量的诸因素查找出来，做到工完场清。组织施工要制定科学的施工组织设计，施工现场应达到场容管理规定要求。

⑥各项经济技术资料齐全，手续完整。工程质量好与坏，是一个根本性的问题。工程项目建设，投资大，建成及使用时期长，只有合乎质量标准，才能投入生产和交付使用，发挥投资效益，结合专业技术、经营管理和数理统计，满足社会需要。

世界上许多国家对工程质量的要求，都有一套严密的监督检查办法。在我国，自1984年开始，改变了长期以来由生产者自我评定工程质量的做法，实行企业自我监督和社会监督相结合，大力加强社会监督，运用一整套质量管理体系、手段和方法所进行的系统管理活动。

四、监理工程师对建筑钢筋分项工程的质量控制

钢筋分项工程是结构安全的主要分项工程，因此对整个工程来说钢筋分项工程是重中之重。作为工程现场的监理工程师，钢筋分项工程的质量则是监理工作的重点之一。钢筋原材料进场检查验收应注意：钢筋进场时，作为监理工程师，应该将钢筋出厂质保资料与钢筋炉批号铁牌相对照，看是否相符。注意每一捆钢筋均要有铁牌，还要注意出厂质保资料上的数量是否大于进场数量，否则不予进场，从而杜绝假冒钢筋进场用于工程。钢筋进场后，应按同一牌号、同一规格、同一炉号、每批重量不大于60t取一组。也允许由同一冶炼方法、同一浇铸方法的不同炉罐号组合混合批，但各炉罐号碳含量之差不大于0.02%，锰含量之差不大于0.15%，每批重量不大于60t取样一组。从而比较合理地对进场钢筋进行试验，使合格的钢筋用在工程上。现场监理工程师往往不重视对钢筋加工过程的控制，而是等到钢筋现场安装完成后，方对钢筋加工的质量进行验收，因此往往由于钢筋加工不符合要求，造成返工，这样不但造成浪费而且影响进度，对工期非常不利。因此作为专业监理工程师，应经常深入钢筋加工现场了解钢筋加工质量，并注意检查以下内容。

（一）钢筋的弯钩和弯折应符合下列规定

第一，Ⅰ级钢筋末端应做180° 弯钩，其弯弧内直径不应小于钢筋直径的2.5倍，弯钩的弯后平直部分长度不应小于钢筋直径的3倍。

第二，当设计要求末端做135° 弯钩时，Ⅱ级和Ⅲ级钢筋的弯弧内直径不应小于钢筋直径的4倍，弯钩的弯后平直部分长度应符合设计要求。

第三，钢筋做不大于90° 的弯折时，弯折处的弯弧内直径不应小于钢筋直径的5倍。

（二）箍筋加工的控制

第一，箍筋的末端应做弯钩，除了注意检查弯钩的弯弧内直径外，还要注意弯钩的弯后平直部分，长度应符合设计要求，如设计无具体要求，一般结构不宜小于5 d；对有抗震设防要求的，不应小于10 d（d为箍筋直径）。

第二，对有抗震设防要求的结构，箍筋弯钩的弯折角度应为135° 。

第三，当钢筋调直采用冷拉方法时，应严格控制冷拉率，对HPB235级钢筋的冷拉率不宜大于4%；HRB335级、HRB400级和RRH400级钢筋的冷拉率不宜大于1%。

第四，在钢筋加工过程中，如果发现钢筋脆断或力学性能显著不正常等现象时，专业监理工程师应特别关注，并对该批钢筋进行化学成分检验或其他专项检验。

（三）对钢筋连接的控制

钢筋连接方式主要有绑扎搭接、焊接、机械连接三种方式。绑扎搭接要注意相邻搭接接头连接距离$L=1.3L_1$。焊接、机械连接首先当然是检查操作工是否持证上岗，这是保证质量的首要条件。钢筋焊接方面钢筋焊接形式有很多种，主要有：电阻点焊、闪光对焊、电弧焊、电渣压力焊、气压焊、预埋件埋弧压力焊。正式焊接之前，参与该项施焊的焊工应进行现场条件下的试焊，并经试验合格后，方可正式生产。试验结果应符合质量检验与验收要求。该条款为强制性条文，因此作为监理工程师应督促施工单位严格执行，尽量避免返工而造成浪费和影响工期。设计焊接接头位置时应注意：钢筋的接头宜设置在受力较小处。同一纵向受力钢筋不宜设置两个或两个以上接头。接头末端至钢筋弯起点的距离不应小于钢筋直径的10倍。在同一构件内的接头要互相错开。同一连接区段内，纵向受力钢筋的接头面积百分率应符合设计要求；当设计无具体要求时，应符合下列规定：受拉区不宜大于50%；接头不宜设置在有抗震设防要求的框架梁端、柱端的箍筋加密区；直接承受动力荷载的结构件中，不宜采用焊接接头。焊接接头的位置设置非常重要，否则安装完成后在验收时才发现问题，将会造成人力、物力的浪费，并且影响工期。

（四）焊接操作的控制

督促操作人员严格按各种不同类型的操作规程操作。下面介绍钢筋电弧焊、电渣压力焊、闪光对焊施工过程中应注意的几点问题：电弧焊包括帮条焊、搭接焊、剖口焊、窄间隙焊和熔槽帮条焊5种接头形式，焊接时应注意六点。

第一，根据钢筋牌号、直径、接头形式和焊接位置，正确选择焊条、焊接工艺和焊接参数，特别是焊条的选用；

第二，焊接时，不得烧伤主筋；

第三，焊接地线与钢筋应接触紧密；

第四，焊接过程中应及时清渣，焊缝表面光滑，焊缝余高应平缓过渡，弧坑应填满；

第五，检查焊接高度是否达到设计要求；

第六，检查焊接件是否有夹渣、气泡等缺陷，如果缺陷严重，应取样试验，合格后方可安装并要求改善焊接工艺，消除不良现象。

电渣压力焊应注意五点。

第一，电渣压力焊只是适用于现浇混凝土结构中竖向或斜向（倾斜度在4∶1范围内）钢筋的连接，不得在竖向焊接后横置于梁、板等构件中作水平钢筋用。出现这种情况可能是由于某些部位的柱或剪力墙进行电渣压力焊后，因设计变更，需更换钢筋，现场工人将该焊接加钢筋改用作梁、板筋造成，作为监理工程师应特别注意。

第二，根据所焊钢筋直径选定焊机容量，调整好电流量。

第三，焊接过程中，应根据有关电渣压力焊焊接参数控制焊接电流、电压和通电时间，这是焊接成败的关键。

第四，检查四周焊包凸出钢筋表面的高度不得小于4mm，否则返工。

第五，督促焊工在焊接过程中应进行自检，当发现偏心、弯折、烧伤等焊接缺陷时，应查找原因和采取措施，及时消除。

（五）焊接接头的质量

检验与验收钢筋焊接接头应按检验批进行质量检验与验收，质量检验时，应包括外观检查和力学性能检验。现场监理工程师往往比较重视力学性能检验，而忽视了外观检查工作，应引起重视。力学性能检验应在接头外观检查合格后，在现场随机抽取试件进行试验，试验合格后方可同意安装。钢筋安装完成后，尚应认真检查同一连接区段内，纵向受力钢筋的接头面百分率是否符合要求，这是焊接最容易出现问题的地方，应重点检查。

（六）接头的施工现场

检验与验收钢筋连接开始前及施工过程中，应对每批进场钢筋进行接头工艺检验。必须根据有关规范要求按验收批在现场随机截取3个接头试件做抗拉强度试验（在监理人员见证下，随机取样），试验合格后，方可同意安装。对于抽检不合格的接头验收批，应由建设单位会同设计单位等有关方研究后提出处理方案。钢筋安装是钢筋分项工程质量控制的重点。钢筋安装时，受力钢筋的品种、级别、规格和数量必须符合设计要求，作为现场监理工程师，这也是必须重点检查的方面，钢筋安装最容易出现的问题有以下方面。

钢筋直径、数量和长度错误。梁支座负筋漏放；剪力墙暗柱漏放拉钩；梁支座负钢筋上排不足1/3；二排不足1/4。钢筋锚固长度不够，框架梁锚入柱长度不够；应特别注意屋面框架梁和边柱的锚固构造，而有些工程设置转换层处的框支梁锚入柱内的构造也应在检查中予以重视。悬挑部分的钢筋不到位，悬挑部分的钢筋安装则是钢筋检查的重点，在悬挑梁的检查中经常发现悬挑梁上排和下排钢筋不到边；第二排钢筋不足0.75；悬挑梁面筋锚固长度不够；设计要求有钢筋，也应注意检查；而悬挑板钢筋也应保证足够的高度。钢筋保护层厚度不符合要求，这可能影响到结构构件的承载力和耐久性。受力钢筋的保护层有严格的要求，旧的验收规范对钢筋保护层厚度的允许偏差值不设上限且合格率达到70%为合格，但新的验收规范对允许偏差值设了上限，且合格率必须达到90%以上。作为监理工程师，验收时应注意检查。梁、底板钢筋必须垫放厚度符合要求且足够数量的钢筋垫块。施工现场经常发现工人将梁的垫块用作板筋的垫块，而将板筋的垫块用作梁的垫块，并且垫块强度不够，容易被钢筋压碎，甚至不放置垫块等现象。作为监理工程师应注意检查。另外板的负筋虽然验收时安装到位，但在混凝土浇筑时被踩下，造成负筋保护层过厚，负筋不能发挥最大的作用，引起板裂，其中有部分是负筋支撑架数量不足造成（当然混凝土施工时工人不注意踩乱，有没有钢筋工跟班修整也是造成上述问题的原因，因此要求钢筋工也要跟班修整），应注意检查负筋支撑的数量。

五、主体结构工程质量控制

（一）钢筋混凝土工程的检查

1.模板工程

①施工前应编制详细的施工方案；

②施工过程中检查：施工方案是否可行，模板的强度、刚度、稳定性、支承面积、防水、防冻、平整度、几何尺寸、拼缝、隔离剂及涂刷、平面位置及垂直度、预埋件及预留孔洞等是否符合设计和规范要求，并控制好拆模时混凝土的强度和拆模顺序。重要结构构件模板支拆，还应检查拆模方案的计算方法。

2.钢筋工程

钢筋分项工程质量控制包括钢筋进场检验、钢筋加工、钢筋连接、钢筋安装等一系列检验。施工过程重点检查：原材料进场合格证和复试报告、成型加工质量、钢筋连接试验报告及操作工合格证，钢筋安装质量，预埋件的规格、数量、位置及锚固长度，箍筋间距、数量及其弯钩角度和平直长度。验收合格并按有关规定填写“钢筋隐蔽工程检查记录”后，方可浇筑混凝土。

3.混凝土工程

①检查混凝土主要组成材料的合格证及复试报告、配合比、搅拌质量、坍落度、冬施浇筑的入模温度、现场混凝土试块、现场混凝土浇筑工艺及方法、养护方法及时间、后浇带的留置和处理等是否符合设计和规范要求。

②混凝土的实体检测：检测混凝土的强度、钢筋保护层厚度等，检测方法主要有破损法检测和非破损法检测（仪器检测）两类。

4.钢筋混凝土构件安装工程

施工中质量控制重点检查：构件的合格证或强度及型号、位置、标高、构件中心线位置、吊点、临时加固措施、起吊方式及角度、垂直度、接头焊接及接缝，灌浆用细石混凝土原材料合格证及复试报告、配合比、坍落度、现场留置试块强度，灌浆的密实度等是否符合设计和规范要求。

5.预应力钢筋混凝土工程

应检查预应力筋张拉机具设备及仪表，预应力筋，预应力筋锚具、夹具和连接器，预留孔道，预应力筋张拉与放张，灌浆及封锚等是否符合要求。

（二）砌体工程的检查

主要对砌体材料的品种、规格、型号、级别、数量、几何尺寸、外观状况及产品的合格证、性能检测报告等进行检查，对块材、水泥、钢筋、外加剂等应检查产品的进场复验报告。

主要检查砌筑砂浆的配合比、计量、搅拌质量（包括稠度、保水性等）、试块（包括制作、数量、养护和试块强度等）等。

主要检查砌体的砌筑方法、皮数杆、灰缝（包括：宽度、瞎缝、假缝、透明缝、通缝等）、砂浆强度、砂浆饱满度、砂浆黏结状况、留槎、接槎、洞口、马牙槎、脚手眼、标高、轴线位置、平整度、垂直度、封顶及砌体中钢筋品种、规格、数量、位置、几何尺寸、接头等。

对于混凝土小型空心砌块、轻骨料混凝土小型空心砌块、蒸压加气混凝土砌块等，检查产品龄期，超过28天的方可使用。

（三）钢结构工技的检查与检验

主要检查钢材、钢铸件、焊接材料、连接用紧固标准件、焊接球、螺栓封板、锥头、套筒和涂装材料等的品种、规格、型号、级别、数量、几何尺寸、外观状况及产品质量的合格证明文件、中文标志和检验报告等。进口钢材、混批钢材、重要钢结构主要是受力构件钢材和焊接材料、高强螺栓等尚应检查复验报告。

钢结构焊接工程中主要检查焊工合格证及其认可范围、有效期，焊接材料质量证明书、烘焙记录、存放状况、与母材的匹配情况，焊缝尺寸、缺陷、热处理记录、工艺试验报告等。

紧固件连接工程中主要检查紧固件和连接钢材的品种、规格、型号、级别、尺寸、外观及匹配情况，普通螺栓的拧紧顺序、拧紧情况、外露丝扣，高强度螺栓连接摩擦面抗滑移系数试验报告和复验报告、扭矩扳手标定记录、紧固顺序、转角或扭矩、螺栓外露丝扣等。

主要检查钢零件及钢部件的钢材切割面或剪切面的平面度、割纹和缺口的深度、边缘缺棱、型钢端部垂直度、构件几何尺寸偏差、矫正工艺和温度、弯曲加工及其间隙、刨边允许偏差和粗糙度、螺栓孔质量、管和球的加工质量等。

主要检查钢结构零件及部件的制作质量、地脚螺栓及预留孔情况、安装平面轴线位置、标高、垂直度、平面弯曲、单元拼接长度与整体长度、支座中心偏移与高差、钢结构安装完成后环境影响造成的自然变形、节点平面紧贴的情况、垫铁的位置及数量等。

六、防水工程质量控制

（一）屋面防水工程检查与检验

1.卷材防水工程

主要检查所用卷材及其配套材料的出厂合格证、质量检验报告和现场抽样复验报告、卷材与配套材料的相容性、分包队伍的施工资质、作业人员的上岗证、基层状况、卷材铺贴方向及顺序、附加层、搭接长度及搭接缝位置、泛水的高度、女儿墙压顶的坡向及坡度、玛脂试验报告单、细部构造处理、排气孔设置、防水保护层、缺陷情况、隐蔽工程验收记录等。施工完成后，检验屋面卷材防水层的整体施工质量效果。

2.涂膜防水工程

主要检查所用防水涂料和胎体增强材料的出厂合格证、质量检验报告和现场抽样复验报告、分包队伍的施工资质、作业人员的上岗证、基层状况、胎体增强材料铺设的方向及顺序、涂膜层数和厚度、附加层、搭接长度及搭接缝位置、泛水的高度、女儿墙压顶的坡向及坡度、细部构造处理、排气孔设置、防水保护层、缺陷情况、隐蔽工程验收记录等是否符合设计和规范要求。施工完成后，检验屋面涂膜防水层的整体施工质量效果。

（二）地下防水工程检查与检验

防水混凝土结构工程：主要检查防水混凝土原材料的出厂合格证、质量检验报告、现场抽样试验报告、配合比、计量、坍落度、模板支撑、混凝土的浇筑和养护、施工缝或后浇带及预埋件（套管）的处理、止水带（条）等的预埋、试块的制作和养护、防水混凝土的抗压强度和抗渗性能试验报告、隐蔽工程验收记录、质量缺陷情况和处理记录等。

七、建筑幕墙工程质量控制

（一）建筑幕墙工程主要的物理性能检测

①三性试验：建筑幕墙的风压变形性能、气密性能、水密性能的检测报告（规范要求工程竣工验收时提供）。

②“三性试验”的时间，应在幕墙工程构件大批量制作、安装前完成。

③“三性试验”检测试件的材质、构造、安装施工方法应与实际工程相同。

④幕墙性能检测中，允许在改进安装工艺、修补缺陷后，对安装缺陷使某项性能未达到规定要求时重新检测。

检测报告中应叙述改进的内容，幕墙工程施工时应按改进后的安装工艺实施；由于设计或材料缺陷，导致幕墙检测性能未达到规定值域时，应停止检测。修改设计或更换材料后，重新制作试件，另行检测。

（二）主要材料现场检验及性能复验

注意主要材料、半成品、成品、建筑构配件、器具和设备的现场验收抽取方法和比例，并按《玻璃幕墙工程质量检验标准》的规定填写检验记录。

主要包括金属与石材幕墙构件、铝合金型材、钢材、玻璃、密封胶等主要材料现场检验及性能复验。

第五节 施工阶段质量控制

一、技术交底

按照工程重要程度，单位工程开工前，应由企业或项目技术负责人组织全面的技术交底。工程复杂、工期长的工程可按基础、结构、装修几个阶段分别组织技术交底。各分项工程施工前，应由项目技术负责人向参加该项目施工的所有班组和配合工种进行交底。交底内容包括图纸交底、施工组织设计交底、分项工程技术交底和安全交底等。通过交底明确对轴线、尺寸、标高、预留孔洞、预埋件、材料规格及配合比等要求，明确工序搭接、工种配合、施工方法、进度等施工安排，明确质量、安全、节约措施。交底的形式除书面、口头外，必要时可采用样板、示范操作等。

二、测量控制

对于给定的原始基准点、基准线和参考标高等的测量控制点应做好复核工作，经审核批准后，才能据此进行准确的测量放线。准确测定与保护好场地平面控制网和主轴线的桩位，是整个场地内建筑物、构筑物定位的依据，是保证整个施工测量精度和顺利进行施工的基础。因此，在复测施工测量控制网时，应抽检建筑方格网。控制高程的水准网点以及标桩埋设位置等。

（一）建筑定位测量复核

①建筑定位就是把房屋外廓的轴线交点标定在地面上，然后根据这些交点测设房屋的细部。

②基础施工测量复核：包括基础开挖前，对所放灰线的复核，以及当基槽挖到一定深度后，在槽壁上所设的水平桩的复核。

③皮数杆检测：当基础与墙体用砖砌筑时，为控制基础及墙体标高，要设置皮数杆。因此，对皮数杆的设置要检测。

④楼层轴线检测：在多层建筑墙身砌筑过程中，为保证建筑物轴线位置正确，在每层楼板中心线均测设长线2条，短线2～3条。轴线经校核合格后，方可开始该层的施工。

⑤楼层间高层传递检测：多层建筑施工中，要由下层楼板向上层传递标高，以便使楼板、门窗、室内装修等工程的标高符合设计要求。标高经校核合格后，方可施工。

（二）工业建筑的测量复核

1.工业厂房控制网测量

由于工业厂房规模较大，设备复杂，因此要求厂房内部各柱列轴线及设备基础轴线之间的相互位置应具有较高的精度。有些厂房在现场还要进行预制构件安装，为保证各构件之间的相互位置符合设计要求，必须对厂房主轴线、矩形控制网、柱列轴线进行复核。

2.柱基施工测量

包括基础定位、基坑放线与抄平、基础模板定位等。

3.柱子安装测量

为保证柱子的平面位置和高程安装符合要求，应对杯口中心投点和杯底标高进行检查，还应进行柱长检查与杯底调整。柱子插入杯口后，要进行竖直校正。

4.吊车梁安装测量

主要是保证吊车梁中心位置和梁面标高满足设计要求。因此，在吊车梁安装前应检查吊车梁中心线位置、梁面标高及牛腿面标高是否正确。

5.设备基础与预埋螺栓检测

设备基础施工程序有两种：一种是在厂房柱基和厂房部分建成后才进行设备基础施工；另一种是厂房柱基与设备基础同时施工。如按前一种程序施工，应在厂房墙体施工前，布设一个内控制网，作为设备基础施工和设备安装放线的依据。

如按后一种程序施工，则将设备基础主要中心线的端点测设在厂房控制网上。当设备基础支模板或预埋地脚螺栓时，局部架设螺线板或铜线板，以测设螺栓组中心线。由于大型设备基础中心线较多，为防止产生错误，在定位前，应绘制中心线测设图，并将全部中心线及地脚螺栓组中心线统一编号标注于图上。为使地脚螺栓的位置及标高符合设计要求，必须绘制地脚螺栓图，并附地脚螺栓标高表，注明螺栓号码、数量、螺栓标高和混凝土面标高。上述各项工作，在施工前必须进行检测。高层建筑侧重复核高层建筑的场地控制测量、基础以上的平面与高程控制与一般民用建筑测量相同，应特别重视建筑物垂直度及施工过程中沉降变形的检测。对高层建筑垂直度的偏差必须严格控制，不得超出规定的范围。高层建筑施工中，需要定期进行沉降变形观测，以便及时发现问题，采取措施，确保建筑物安全使用。

三、材料控制

对供货方质量保证能力进行评定的原则包括：材料供应的表现状况，如材料质量、交货期等；供货方质量管理体系对于按要求如期提供产品的保证能力；供货方的顾客满意程度；供货方交付材料之后的服务和支持能力；其他如价格、履约能力等。建立材料管理制度，减少材料损失、变质，对材料的采购、加工、运输、储存建立管理制度，可加快材料的周转，减少材料占用量，避免材料损失、变质，按质、按量、按期满足工程项目的需要进入施工现场的原材料、半成品、构配件要按型号、品种，分区堆放，予以标识；对有防湿、防潮要求的材料，要有防雨防潮措施，并有标识。对容易损坏的材料、设备，要做好防护；对有保质期要求的材料，要定期检查，以防过期，并做好标志，标志应具有可追溯性，即应标明其规格、产地、日期、批号、加工过程、安装交付后的分布和场所。用于工程的主要材料要加强材料检查验收。进场时应有出厂合格证和材质化验单；凡标志不清或认为质量有问题的材料，需要进行追踪检验，以确保质量；凡未经检验和已经验证为不合格的原材料、半成品、构配件和工程设备不能投入使用。发包人所提供的原材料、半成品、构配件和设备用于工程时，项目组织应对其做出专门的标志，接收时进行验证，储存或使用时给予保护和维护，并得到正确的使用。

上述材料经验证不合格，不得用于工程。发包人有责任提供合格的原材料、半成品、构配件和设备。材料质量抽样和检验方法应按规定的部位、数量及采选的操作要求进行。材料质量的检验项目分为一般试验项目和其他试验项目，一般试验项目即通常进行的试验项目，其他试验项目是根据需要而进行的试验项目。材料质量检验方法有书面检验、外观检验、理化检验和无损检验等。

四、机械设备控制

施工项目上所使用的机械设备应根据项目特点及工程量，按必要性、可能性和经济性的原则确定其使用形式。机械设备的使用形式包括自行采购、租赁、机械施工承包和调配等。

（一）自行采购

根据项目及施工工艺特点和技术发展趋势，确有必要时才自行购置机械设备。应使所购置机械设备在项目上达到较高的机械利用率和经济效果，否则采用其他使用形式。

（二）租赁

某些大型、专用的特殊机械设备，如果自行采购在经济上考量不划算时，可从机械设备供应站（租赁站），以租赁方式承租使用。

（三）机械施工承包

某些操作复杂、工程量较大或要求人与机械密切配合的机械，如大型网架安装、高层钢结构吊装，可由专业机械化施工公司承包完成。

（四）调配

一些常用机械，可由项目所在企业调配使用。究竟采用何种使用形式，应通过技术经济分析来确定。使用机械设备，正确地进行操作，是保证项目施工质量的重要环节。

应贯彻人机固定原则，实行定机、定人、定岗位责任的“三定”制度。要合理划分施工段，组织好机械设备的流水施工。当一个项目有多个单位工程时，应使机械在单位工程之间流水作业，减少进出场时间和装卸费用。搞好机械设备的综合利用，尽量做到一机多用，充分发挥其效率。要使现场环境、施工平面布置适合机械作业要求，为机械设备的施工创造良好条件。为了保持机械设备的良好技术状态，提高设备运转的可靠性和生产的安全性，减少零件的磨损，延长使用寿命，降低消耗，提高机械施工的经济效益，应做好机械设备的保养。保养分为例行保养和强制保养。例行保养的内容主要是：保持机械设备的清洁，检查运转情况，防止设备腐蚀，按技术要求润滑等。强制保养是按照一定周期和内容分级进行保养。对机械设备的维修可以保证机械的使用效率，延长使用寿命。机械设备修理是对机械设备的自然损耗进行修复。排除机械运行故障，对损坏的零部件进行更换、修复。

五、计量控制

施工中的计量工作，包括施工生产时的投料计量、施工生产过程中的监测计量和对项目、产品或过程的测试、检验、分析计量等。计量工作的主要任务是统一计量单位制度，组织量值传递，保证量值的统一。这些工作有利于控制施工生产工艺过程，促进施工生产技术的发展，提高工程项目的质量。因此，计量是保证工程项目质量的重要手段和方法，亦是施工项目开展质量管理的一项重要基础工作。为做好计量控制工作，应抓好以下几项工作。

①建立计量管理部门和配备计量人员；

②建立健全和完善计量管理的规章制度；

③积极开展计量意识教育。

六、工序控制

工序亦称“作业”。工序是产品制造过程的基本环节，也是组织生产过程的基本单位。一道工序，是指一个（或一组）工人在一个工作地对一个（或几个）劳动对象（工程、产品、构配件）所完成的一切连续活动的总和。工序质量是指工序过程的质量。对于现场工人来说，工作质量通常表现为工序质量，一般地说，工序质量是指工序的成果符合设计、工艺（技术标准）要求的程序。人、机器、原材料、方法、环境等五种因素对工程质量有不同程度的直接影响。在施工过程中，测得的工序特性数据是有波动的，产生波动的原因有两种，因此波动也分为两类。一类是操作人员在相同的技术条件下，按照工艺标准去做，可是不同的产品却存在着波动。这种波动在目前的技术条件下还不能控制，在科学上是由无数类似的原因引起的，所以称为偶然因素，如构件允许范围内的尺寸误差、季节气候的变化、机具的正常磨损等。另一类是在施工过程中发生了异常现象，如不遵守工艺标准，违反操作规程，机械、设备发生故障，仪器、仪表失灵等，这类因素称为异常因素。这类因素经有关人员共同努力，在技术上是可以避免的。工序管理就是去分析和发现影响施工中每道工序质量的这两类因素中影响质量的异常因素，并采取相应的技术和管理措施，使这些因素被控制在允许的范围内，从而保证每道工序的质量。工序管理的实质是工序质量控制，即使工序处于稳定受控状态。工序质量控制是为把工序质量的波动限制在要求的界限内所进行的质量控制活动。工序质量控制的最终目的是要保证稳定地生产合格产品。具体地说，工序质量控制是使工序质量的波动处于允许的范围之内，一旦超出允许范围，立即对影响工序质量波动的因素进行分析，针对问题，采取必要的组织、技术措施，对工序进行有效的控制，使之保证在允许范围内。工序质量控制的实质是对工序因素的控制，特别是对主导因素的控制。所以，工序质量控制的核心是管理因素，而不是管理结果。

七、特殊过程控制

特殊过程是指该施工过程或工序施工质量不易或不能通过其后的检验和试验而得到充分的验证，或者万一发生质量事故，则难以挽救的施工对象。特殊过程是施工质量控制的重点，设置质量控制点就是要根据工程项目的特点，抓住影响工序施工质量的主要因素。

参考文献

[1] 卢瑾.建筑结构设计研究[M].北京：中国纺织出版社，2022.

[2] 阎长虹，黄天祥，黄慧敏.装配式建筑结构设计[M].北京：科学出版社，2022.

[3] 赵华，陈庆玉，江雪.山地建筑结构设计常见问题与处理对策[M].北京：北京工业大学出版社，2022.

[4] 熊海贝.面向可持续发展的土建类工程教育丛书——高层建筑结构设计[M].北京：机械工业出版社，2022.

[5] 崔济东，沈雪龙，杨明灿.RBS建筑结构设计技术研究系列丛书——结构地震反应分析编程与软件应用[M].北京：中国建筑工业出版社，2022.

[6] 孙绪杰，马兴国，董艳秋.装配式钢结构建筑设计与施工[M].北京：中国建筑工业出版社，2022.

[7] 夏世群.高层建筑结构的抗震分析与设计[M].北京：科学出版社，2022.

[8] 周云.高层建筑结构设计精编本.[M].3版.武汉：武汉理工大学出版社，2021.

[9] 梁瑛，何滔，黄晓瑜.PKPM建筑结构设计及案例实战[M].北京：机械工业出版社，2021.

[10] 张瑞云，朱永全.面向可持续发展的土建类工程教育丛书——地下建筑结构设计[M].北京：机械工业出版社，2021.

[11] 李英民.建筑结构抗震设计.[M].3版.重庆：重庆大学出版社，2021.

[12] 李云峰.高层建筑结构优化设计分析[M].济南：山东大学出版社，2021.

[13] 娄宇，王昌兴.装配式钢结构建筑的设计、制作与施工[M].北京：机械工业出版社，2021.

[14] 白国良，韩建平，王博.高层建筑结构设计[M].武汉：武汉大学出版社，2021.

[15] 姚亚锋，张蓓.建筑工程项目管理[M].北京：北京理工大学出版社，2020.

[16] 项勇，卢立宇，徐姣姣.现代工程项目管理[M].北京：机械工业出版社，2020.

[17] 徐勇戈.建设工程合同管理[M].北京：机械工业出版社，2020.

[18] 汪雄进，唐少玉.建设工程项目管理[M].重庆：重庆大学出版社，2020.

[19] 刘应宗.工程管理理论探新[M].天津：天津大学出版社，2019.

[20] 索玉萍，李扬，王鹏.建筑工程管理与造价审计[M].长春：吉林科学技术出版社，2019.